AF493610

CANAL DE PROVENCE.

EXAMEN DU PROJET BAZIN

Adressé à M. le Conseiller-d'Etat, Directeur général des Ponts et Chaussées et des Mines, par MM. le comte H. de VILLENEUVE, chevalier de la Légion d'Honneur, Ingénieur des Mines; et GENDARME-DE-BEROTTE, Ingénieur des Ponts et Chaussées.

Le grand nombre d'années qui nous séparent de l'époque où, pour la première fois, Adam de Craponne proposa d'arroser les environs de l'ancienne capitale de la Provence à l'aide d'une dérivation de la Durance, les études multipliées auxquelles cette idée féconde a donné naissance, démontrent à la fois que la haute utilité du Canal de Provence a de suite frappé les regards, et combien sont graves les difficultés que rencontre son exécution.

Depuis vingt ans ces belles études ont été reprises avec une persévérance opiniâtre. Tout ce que le département des Bouches-du-Rhône a offert d'ingénieurs actifs et distingués, tous les administrateurs vraiment amis du pays, ont rivalisé de zèle et d'efforts pour vaincre les obstacles qui s'opposent à ce que la Durance humecte et féconde de ses eaux les deux arrondissemens d'Aix et de Marseille.

Tour à tour le département et les Conseils Municipaux ont voté des fonds pour être consacrés à ces études.

Plusieurs hommes généreux ont fait noblement le sacrifice de leurs veilles; un négociant honorable a aventuré même une partie de sa fortune pour fournir aux frais d'une étude suivie de ce Canal. Malgré ces nombreux efforts, la question n'est pas encore entièrement éclaircie : deux ou trois projets sont encore en présence, sans que l'on sache bien quel est le meilleur, quel est celui qui doit être exécuté de préférence.

Des ingénieurs des ponts-et-chaussées d'un mérite élevé, furent appelés pour comparer tous les projets présentés et en proposer un nouveau dans le cas où aucun d'eux ne leur paraîtrait bien conçu.

On assure que l'auteur de l'un des projets en concurrence ayant refusé de communiquer ses études à Messieurs les ingénieurs délégués *ad hoc*, ces derniers crurent devoir s'abstenir de demander aux autres auteurs les pièces qui renfermaient les résultats de leurs travaux.

Un examen rapide des lieux fit naître en eux la pensée qu'il y avait mieux à faire que ce qui avait été présenté : un nouveau projet sortit de leurs études. Les auteurs du projet Bazin, convaincus qu'on ne les condamnait que parce qu'on ne les avait pas entendus, ont provoqué un examen spécial de leur projet.

Sur la demande de M. Bazin, les deux ingénieurs soussignés ont été autorisés par vous, Monsieur le Directeur Général des Ponts et Chaussées et des Mines :

1° A examiner les lieux traversés par le tracé Bazin, et à apprécier l'ensemble et tous les détails de ce projet.

2° A modifier ce tracé dans toutes les parties où il leur semblerait susceptible d'être amélioré.

Les principales difficultés du projet Bazin étaient relatives à de grands travaux souterrains et à des ouvrages d'art placés dans l'arrondissement d'Aix. Il était naturel de recourir à l'ingénieur des mines qui réside depuis plusieurs années dans le département des Bouches-du-Rhône et à l'ingénieur des ponts et chaussées chargé du service du 2e arrondissement ; ainsi, l'appel fait à nos faibles lumières par M. Bazin lui était indiqué par la spécialité de nos fonctions respectives et de nos observations quotidiennes.

Chargés d'un travail auquel se rattache la prospérité de la troisième ville de France et de la plus grande partie d'un département tout entier, nous y avons consacré le temps que notre service ordinaire pouvait nous laisser ; il n'était mis à notre disposition, pour ce travail, ni personnel, ni matériel, mais nous avons eu un concours bien précieux dans M. Philippe Mathéron, agent-voyer chef du département des Bouches-du-Rhône, l'un des collaborateurs de M. Bazin : c'est lui qui nous a fait connaître tous les points de repère placés sur le terrain, qui nous a expliqué les motifs qui avaient dirigé l'économie des détails du projet soumis à notre examen; en outre il a grandement coopéré avec nous dans tous les nivellemens que nous avons exécutés. Nous avions également plusieurs pièces : 1° le grand atlas dressé par les auteurs du projet Bazin et les mémoires publiés par eux; 2° le mémoire lithographié publié par M. de Mont-Richer, mémoire dont copie a été insérée dans les Annales provençales d'Agriculture imprimées à Marseille.

Nous possédions déjà les pièces et documens administratifs relatifs à tous les divers projets élaborés.

Le résultat de nos recherches sera divisé en 6 chapitres : leur titre indiquera la marche que nous allons suivre. Ordre de ce travail.

CHAPITRE Ier.

Conditions générales pour le meilleur tracé du Canal de Provence.

Le département des Bouches-du-Rhône se partage en deux régions bien distinctes.

L'une traversée par trois chaînes de montagnes marchant parallèlement à peu près de l'est à l'ouest ; c'est la partie montueuse , divisée en deux arrondissemens , celui d'Aix et celui de Marseille.

L'autre à l'extrémité des chaînes de montagnes , recouverte par les alluvions du Rhône et de la Durance , unie et parsemée de marais ; c'est la région des étangs. Elle forme l'arrondissement d'Arles.

Depuis Adam de Craponne , l'arrondissement d'Arles tire de la Durance des moyens d'irrigation qui vont toujours se développant.

Les arrondissemens d'Aix et de Marseille , coupés par les trois vallées de la Durance , de l'Arc et de l'Huveaune , présentent en général des terrains inclinés , desséchés chaque année pendant la longue durée des chaleurs de Provence. Ce n'est pas seulement la végétation qui souffre de l'aridité ; l'absence de moteurs hydrauliques entrave l'industrie là où elle rencontrerait d'ailleurs des circonstances éminemment favorables ; enfin l'aridité du climat , l'absence d'eau dans les rues, rendent insalubre l'atmosphère des villes. Une dérivation de la Durance peut remédier à tous ces inconvéniens.

IRRIGATION, FORCE MOTRICE, SALUBRITÉ : voilà donc le trible but que doit remplir le Canal de Provence. Cette haute utilité est précisément le titre qui est invoqué pour obtenir du Gouvernement le droit de faire une dérivation sur la Durance.

Les eaux des rivières flottables ne sont , comme les mines , la propriété d'aucun individu , d'aucune ville , elles appartiennent à l'état ; l'administration ne les concède qu'à ceux qui peuvent en obtenir l'avantage le plus grand et le plus général.

Les canaux de Boisgelin et de Craponne dans les Bouches-du-Rhône , les canaux établis dans le département de Vaucluse , demandent une augmentation dans leurs prises pour étendre les bienfaits de leur irrigation ; un nouveau canal est projeté pour Vaucluse et demande à être autorisé ; mais la décision sur ces demandes est ajournée , parce qu'il faut auparavant avoir fixé la quotité d'une dérivation bien plus utile , celle destinée à Aix et à Marseille.

Ainsi le principe de la plus haute utilité est celui que suit l'administration supérieure en faveur du Canal de Provence. Ce principe est donc celui qui a dû nous guider dans la critique que nous allons faire des diverses parties du projet de ce Canal et dans le choix des améliorations qu'il pouvait subir.

Le Canal le plus utile ne peut manquer d'être préféré.

Si des obstacles financiers s'opposent à ce que la meilleure et la plus complète de toutes les solutions soit réalisée immédiatement, au moins faut-il, en satisfesant aux exigences du présent, réserver des moyens faciles de rattacher à l'ouvrage du moment tout le développement que pourra demander l'avenir.

La masse d'eau de la Durance est bornée ; les demandes de dérivations se rapprochent déjà de la limite de ce qui existe : toutes les populations qui veulent jouïr de ces dérivations sont donc interéssées à ce que l'on satisfasse aux besoins du Canal de Provence avec la moindre masse d'eau possible, pour qu'il en reste une plus grande quantité disponible.

Ainsi, chercher le tracé qui satisfait avec le plus d'utilité et d'économie et avec la moindre masse d'eau, à tous les besoins présens ; qui, plus tard, pourra le plus facilement se prêter à tous les développemens qu'exigera l'avenir ; telle est la donnée du meilleur Canal de Provence ; tel est le point de vue sous lequel il faut se placer pour critiquer ou améliorer les projets présentés.

Quels sont les besoins présens, quels peuvent être les besoins futurs, en quoi consiste la plus haute utilité des eaux du Canal, et comment atteindre la plus haute utilité avec la moindre masse d'eau ?

Les besoins présens sont indiqués par les demandes d'eau faites par diverses communes, sous la condition de concourir aux frais de son exécution.

Les communes qui forment cette catégorie sont :

Marseille,
Aix,
Gardanne,
Simiane,
Bouc.

Les besoins futurs sont ceux de l'ensemble des autres communes des deux arrondissemens d'*Aix* et de *Marseille*, dont les terres se trouvent à un niveau inférieur à l'embouchure du Verdon dans la Durance.

En effet, on ne pourrait dériver les eaux de la Durance plus haut, sans faire un pont-aqueduc sur le Verdon, ou s'engager dans des dépenses qui excéderaient de beaucoup les avantages.

Le meilleur projet de Canal doit donc satisfaire aux besoins des communes qui forment la première catégorie et être disposé de façon qu'il devienne facile, soit par des dérivations, soit par des changemens peu dispendieux dans une partie de la cuvette du canal, de donner l'eau à toutes les communes qui peuvent être plus tard en position d'en sentir et d'en payer les avantages.

En quoi consiste la plus grande utilité des eaux du Canal? L'utilité se résume en trois mots :

1° *Irrigation ou utilité agricole.*

2° *Force motrice ou utilité industrielle.*

3° *Salubrité ou utilité hygiénique.*

Utilité agricole du Canal.

L'utilité agricole s'accomplit avec des eaux bourbeuses de deux manières, ou en arrosant le sol déjà atterri, ou en fesant créer par le limon une terre végétale qui manquait.

Arrosages des Plateaux arides et des Coteaux inclinés.

L'arrosage est surtout utile sur les sols arides et inclinés où l'évaporation est plus active, où les eaux pluviales s'épanchent plus facilement.

C'est surtout sur les plateaux séparés des hauteurs par des coupures que les canaux d'irrigation sont indispensables; nul autre moyen ne peut y suppléer.

Dans le fond des bassins un peu étendus, il existe presque toujours des nappes d'eau souterraines ou à fleur de terre dont une puissance mécanique peut relever le niveau. On peut souvent ainsi se procurer des eaux plus ou moins abondantes; on n'a pas tiré parti encore de toutes les ressources que pourrait offrir sous ce rapport le fond des vallées de l'Arc et de l'Huveaune.

C'est sur les coteaux bien exposés que l'horticulture donne ses meilleurs produits, lorsque l'eau vient joindre ses bienfaits à la chaleur du climat.

Dans le voisinage des grandes cités, l'irrigation donne des résultats plus remarquables que partout ailleurs, parce que les engrais qu'exige l'arrosage se rencontrent là en plus grande abondance et à plus bas prix; enfin dans les pays où la bonne culture est mieux connue, l'irrigation produit une utilité plus grande; elle y est mise à profit d'une manière plus énergique; ainsi, dans l'arrondissement d'Aix, comme dans celui de Marseille, Gardanne peut être cité comme la commune où la culture plus perfectionnée profitera le mieux de l'arrosage.

Colmatage des Plateaux.

C'est encore sur les plateaux et sur les terrains inclinés que la couche végétale est moins épaisse ; c'est donc là surtout qu'il faut faire arriver des eaux limoneuses pour opérer un utile colmatage.

On ne peut se lasser de citer les merveilleux effets du colmatage sur les Garrigues d'Avignon ; la terre que les torrens ont entraînée des sommets glacés des Alpes viendra aussi se montrer féconde sur les tièdes coteaux de la Provence.

Ainsi la plus grande utilité agricole exige que l'on tienne les eaux d'arrosage au plus haut niveau possible dans les parties supérieures des vallées de la Durance, de l'Arc et de l'Huveaune, et que l'on puisse, presque à volonté, les rendre limoneuses.

Les eaux prises après les chutes sont plus propres à l'irrigation.

On n'a pas toujours fait assez d'attention à une autre condition qui doit être remplie par les eaux d'arrosage ; ces eaux sont toujours plus ou moins chargées de sulfates et d'acide carbonique qui leur permettent de retenir en dissolution du carbonate de chaux ; par un long mouvement à l'air, l'acide carbonique se dégage, le carbonate de chaux se précipite, entraînant avec lui une certaine quantité des sulfates peu solubles ; ainsi les eaux de rivière qui ont parcouru de longs trajets se purifient et deviennent toujours plus propres à l'irrigation. Les eaux de la Durance ayant une rapidité considérable et un trajet assez court, retiennent encore une plus grande quantité de sels solubles que les eaux du Rhône. Aussi a-t-on remarqué, aux environs d'Avignon, que les eaux de la Durance exigeaient une plus grande masse d'engrais, pour produire la même fertilité que les eaux du Rhône. On devrait donc améliorer les eaux de la Durance en les divisant en un grand nombre de chutes et en les exposant ainsi à l'air sur un grand nombre de points à la fois, avant de les employer à l'irrigation.

Donc il serait avantageux que le canal d'irrigation fût disposé à une hauteur telle que les eaux, avant d'être absorbées par l'arrosage, pussent avoir été distribuées en chutes.

Vertu fécondante des eaux qui ont parcouru l'intérieur des Villes.

Il est également utile que les eaux d'irrigation aient parcouru les rues des villes et qu'elles se soient chargées de leurs immondices, se transformant ainsi en un véritable engrais que les irrigations distribuent sans dépense nouvelle.

C'est ce qui peut se réaliser pour Aix, Gardanne et autres communes avant que ces eaux s'étendent dans les champs à féconder au-dessous de leur niveau.

La plus haute utilité agricole exige donc que les eaux d'irrigation aient été distribuées en chutes, qu'elles aient parcouru les centres d'habitation, qu'elles puissent humecter et colmater les parties élevées des vallées et des plateaux. Toutes ces conditions se résument en une seule : que ces eaux ne soient absorbées par l'irrigation qu'après avoir satisfait aux autres besoins. Cette condition sera remplie en tenant le canal à un niveau suffisamment élevé.

Utilité industrielle.

Les eaux, comme force motrice, agissent de deux manières : par leur valeur et par la hauteur de la chute de laquelle elles sont tombées. Du reste rien n'est perdu quant au volume de l'eau ; on le retrouve après la chute tel qu'il était avant, sauf une petite perte due à l'évaporation ou au rayonnement. La force motrice ou l'utilité industrielle se mesure par le volume d'eau multiplié par la hauteur.

Double effet agricole et industriel que peut produire une même masse d'eau.

Il suit de là que, pour obtenir d'un volume donné la plus grande force motrice, il faut, jusqu'au moment de la chute, le maintenir au niveau le plus élevé : et puisque l'eau motrice n'est pas consommée, elle peut produire un double effet et servir encore à l'irrigation, après avoir été utilisée comme force. La seule condition à remplir pour cela est que la chute pour l'usine soit placée au-dessus du terrain à féconder. Ces données amènent une conséquence grave :

Conséquences pour le meilleur aménagement des eaux de la Dnrance.

C'est gaspiller les eaux de la Durance que d'en puiser une partie plus ou moins considérable, uniquement pour servir des usines qui ne la restitueraient qu'à un niveau inférieur à celui des terrains arrosables.

Ce serait aussi une perte publique que de laisser employer les eaux de la Durance pour l'irrigation des riverains trop élevés. L'eau ayant été absorbée, un grand moteur manquerait à la richesse publique.

L'intérêt public exige donc impérieusement l'ordre suivant : usines dans les régions élevées, et arrosages au-dessous des chutes.

On obtient ainsi la meilleure de toutes les combinaisons : l'utilité industrielle prépare l'utilité agricole.

Conditions de succès pour les Usines.

Quelques autres conditions doivent être remplies pour obtenir les plus grands avantages industriels de la force motrice.

Des matières premières arrivant facilement et à bas prix.

Le voisinage des routes pour écouler les produits ouvrés,

Le combustible en abondance pour élaborer les matières qui exigent de la chaleur.

Des emplacemens sains et bien aérés.

Des populations d'ouvriers se logeant facilement et à bon marché.

Les matières premières arrivent dans deux directions : de la mer en passant par Marseille ; des Alpes , du Dauphiné et du Var par Aix.

La descente du Rhône donne principalement des produits ouvrés ; ainsi, pour les usines , nous n'avons pas à mentionner cette direction.

Les grands locaux disponibles et bien aérés sont surtout situés à Aix.

Les emplacemens les plus sains et les moins chers , au-dessus dn niveau de Marseille et près de la route , sont de Septèmes à la Viste.

Quant au combustible, il abonde dans la haute vallée de l'Arc : on en extrait chaque année près de 60,000 tonnes , et dans le cas où l'on porterait l'enlèvement à 100,000 tonnes , l'exploitation de la vallée de l'Arc durerait encore 3,750 ans. Ne pas porter les chutes d'eau au milieu de ce magnifique dépôt de combustibles , serait un non-sens industriel.

Maintenant l'on commence à utiliser les plus mauvaises parties de ce combustible comme engrais ; si cet emploi a tout le succès que les premiers essais ont fait espérer , quel immense avantage n'y aurait-il pas à avoir au fond de la même vallée , tous les moyens d'arrosage et de fécondation réunis ?

Conséquences sur la meilleure direction du Canal.

Ainsi l'utilité industrielle la plus élevée ne pourra être obtenue que lorsque l'eau sera maintenue au plus haut niveau possible au-dessus des terrains à arroser , et que les chutes seront établies entre Aix , Gardanne et Marseille , près des routes aboutissant aux deux chefs-lieux d'arrondissement , et près des mines de combustible.

On le voit donc , quand même Aix et Gardanne n'auraient pas offert de participer aux frais du Canal , l'industrie aurait toujours commandé de passer par ces localités.

Utilité hygiénique.

La salubrité qui doit résulter , non-seulement de l'évaporation des eaux , mais encore de l'entraînement des immondices , ne peut être obtenue qu'à une seule condition : le niveau des eaux doit atteindre autant que possible les points les plus élevés des centres de population.

Ainsi, il est rigoureusement nécessaire que le niveau des eaux dérivées atteigne les parties les plus hautes de la ville d'Aix, qu'il s'élève le plus possible vers Gardanne, Bouc et Simiane; pour Marseille cette condition devra être satisfaite à *fortiori*.

Remarquons encore ici que la circulation de l'eau dans une ville n'en consomme qu'une faible partie; le superflu sort avec les matières sales.

Double utilité hygiénique et agricole du même volume d'eau.

Nous avons déjà démontré combien cette condition hygiénique était d'accord avec le développement agricole. Les eaux des égouts sont des eaux fécondantes.

Lorsque des eaux prises dans le canal devront servir à la boisson et autres usages domestiques, il faudra préalablement les purger, par le passage, soit dans de grands bassins, soit dans des filtres. Les boues ainsi recueillies seront un engrais pareil à celui que l'on retire des *nays* du canal de Craponne.

On voit donc l'utilité agricole s'établir en harmonie parfaite avec l'utilité hygiénique : l'eau qui se serait bien aérée et purgée de sels calcaires dans les chutes donnerait une meilleure boisson.

Une même quantité d'eau peut donc remplir une triple destination : par ses chutes au-dessus d'une ville, mettre des usines en mouvement; à l'état de courant dans les rues, assainir les habitations agglomérées au-dessous du niveau des chutes; enfin arroser les champs situés au-dessous des villes et des bourgs.

Après ces développemens, il est devenu facile de déterminer comment le Canal de Provence peut atteindre la plus haute utilité avec la moindre masse d'eau.

Plus haute utilité avec moindre volume d'eau.

Pour satisfaire le mieux possible à tous les besoins présens, le Canal dirigé vers Marseille, doit passer à la plus grande hauteur possible sur Aix, Gardanne, Simiane et Bouc, points obligés.

Besoins présens.

Il faut en général qu'il soit aménagé de façon à atteindre le niveau du plus grand nombre de villages et bourgs; que les chutes soient autant que possible disposées au-dessus du niveau des villes, et les arrosages au-dessous du même niveau ; qu'il y ait des terrains à colmater au-dessus des villes vers les parties où il faudra purifier les eaux destinées aux besoins domestiques.

Que, notamment pour les besoins de Marseille, on puisse disposer des chutes vers Septèmes et sur la traverse des routes royales passant par Aubagne et par la Bourdonnière.

Que ce projet satisfasse d'ailleurs aux meilleures conditions d'exécution économique et promptes. Voilà pour les besoins présens.

Besoins futurs.

Si le Canal se tient au niveau le plus élevé possible et si la prise est telle que l'on puisse en augmenter le débit à volonté, on pourra satisfaire à tous les besoins de l'avenir.

Il suffira de prendre un plus grand volume d'eau, d'élargir la cuvette jusqu'au point où devront s'ouvrir les nouvelles saignées.

Les dérivations partant ainsi d'un Canal élevé, pourront, à moindre frais, amener les eaux jusqu'aux régions les plus basses : par ce moyen on créera à volonté de nouveaux moteurs et de nouvelles irrigations, et tout espoir d'un meilleur état de chose ne serait pas enlevé aux communes dont les ressources sont aujourd'hui insuffisantes pour contribuer à la dépense commune.

Le meilleur projet est un Canal principal avec dérivations.

En réservant ainsi l'exécution des dérivations pour l'avenir, on voit que par la suite, l'ensemble du canal et des dérivations finira par avoir une longueur bien plus grande que s'il s'était dès le principe développé en passant à travers toutes les communes susceptibles d'irrigation ; mais ne dépensera-t-on pas en définitive des sommes plus considérables ? Certainement non ; les rigoles et les dérivations coûtent très-peu relativement à un canal principal.

Pour le Canal principal, il faut maintenir le niveau le plus possible, à travers tous les obstacles, pour arriver au but définitif ; c'est ce qui est difficile et cher. Dans une dérivation, où une rigole peut augmenter la vitesse en sacrifiant une portion de la pente, en fesant même des chutes, on abrége et on réduit ainsi la section et par suite la dépense. On peut agir ainsi, parce qu'il est rare que le niveau du point où doit atteindre la dérivation ne soit pas notablement au-dessous du Canal principal.

Le Canal principal doit être comme une espèce de château d'eau situé à une grande hauteur : alors l'intention du présent est satisfaite et l'avenir est prévu.

Résumé des conditions pour le meilleur Canal.

On peut résumer en trois conditions l'ensemble de toutes ces données, auxquelles doit satisfaire le meilleur projet de Canal :

1° Que la prise du Canal de Provence soit faite au plus haut niveau possible ; qu'elle soit établie à la plus grande réunion des eaux.

2° Que le Canal amène au plus haut niveau possible la masse d'eau nécessaire aux besoins de Marseille, Aix, Gardanne, Simiane et Bouc, en passant par ces localités et notamment au-dessus des points culminans de la ville d'Aix.

3° Qu'il satisfasse aux meilleures conditions d'exécution économique et prompte.

CHAPITRE II.

Configuration et nature du terrain.

Pour amener les eaux du bassin de la Durance à Marseille, il faut traverser deux massifs de montagnes qui encaissent, dès son origine, le bassin de l'Arc et le séparent au nord du bassin de la Durance, au sud de la vallée de l'Huveaune. Ces deux chaînes, dont la hauteur atteint 800 mètres, s'abaissent vers l'ouest, mais elles s'élargissent et se ramifient en même temps.

Massif de Ste.-Victoire.

Le massif de Ste.-Victoire, placé au nord, se divise en deux chaînons ; celui de Sambuc dont le pied se prolonge sous forme de plateau jusqu'au détroit de Mirabeau et le chaînon de Ste.-Victoire ; ces deux chaînons marchent parallèlement de l'est à l'ouest en laissant entr'eux la vallée de Vauvenargues. Ils s'abaissent et se réunissent en une masse moins large au plateau de Venelles. Néanmoins, même sur le plateau de Venelles, on voit encore, par deux relèvemens de quarante mètres environ, se dessiner les lignes de soulèvement des chaînons que nous venons d'indiquer ; le milieu forme la partie la plus basse du plateau.

A l'ouest de Venelles, l'ensemble du massif devient plus large ; le chaînon du nord se ramifie en deux systèmes : 1° celui de Janson et des Taillades qui s'infléchit fortement vers le nord ; 2° celui des hauteurs de la Trévaresse et la Barben, qui constituent la partie sud.

Le chaînon de Ste.-Victoire continue d'être représenté, après Venelles, par le chaînon d'Eguilles à la Fare. Tout l'ensemble est alors figuré par trois lignes de hauteurs.

Hauteurs de Janson et des Taillades qui bordent la Durance au-dessous de Venelles et rétrécissent sa rive gauche.

Hauteurs de la Trevaresse et la Barben.

Chaînon d'Eguilles et la Fare dont l'extrémité se rattache à St.-Chamas, à la haute plaine de la Crau. On obtient ainsi deux petites vallées dans ce massif :

Celle du béal de Concernade ;

Celle de la Touloubre.

Le plateau de Venelles, dont le point culminant s'élève à 354 mètres, est le point d'inflexion le plus au sud du massif et la partie de moindre largeur.

A l'ouest du passage des Taillades, à Lamanon, les hauteurs de la Trévaresse et d'Eguilles sont effacées et confondues avec la haute plaine de la Crau ; seulement le chaînon venu des Taillades se relève en formant la chaîne des alpines jusques aux bords du Rhône.

Nous venons d'indiquer les principaux traits du massif qui sépare la vallée de la Durance de la vallée de l'Arc. Voyons maintenant comment cette dernière est séparée de la vallée de l'Huveaune.

Massif de Regagnac et de l'Étoile.

Ce massif constitue un plateau qui s'étend depuis Belcodène à l'est jusqu'à Vitrolles à l'ouest, en s'abaissant très-peu et se terminant par des saillies abruptes dans les plaines de Marignane et Berre. Au-dessus du plateau de Belcodéne, à Vitrolles, s'élevent la montagne de Regagnac et la chaîne de l'Étoile. Au nord de Marseille, la chaîne de l'Étoile s'abaisse pour former le col de Septèmes et de la Viste ; ensuite apparaissent deux chaînons courant vers l'ouest, en restant parallèles à la chaîne principale de l'Étoile dont on peut les appeler des ramifications.

Le chaînon du nord forme les hauteurs des Pennes qui terminent entièrement le plateau de Vitrolles ; l'autre au sud, donne le chaînon de l'Estaque.

Plus à l'ouest, nouvelle subdivision de la chaîne de l'Estaque, établie par le vallon du Roye avant cette subdivision ; la Nerthe correspond à la partie la plus étroite de cette chaîne

Ainsi, pour arriver de la Durance à Marseille, on ne peut se dispenser de faire d'immenses circuits vers l'ouest ; ou de couper les deux massifs qui comprennent la vallée de l'Arc.

Dans le premier cas, les circuits feraient perdre la pente et par suite les avantages du Canal.

Etranglemens de la vallée de l'Arc.

Dans le second, outre la difficulté des coupures, il faut franchir, par de grands ouvrages, le thalweg de la vallée de l'Arc. Les meilleurs passages d'une vallée sont les points d'étranglement : on en trouve dans celle-ci trois principaux.

En tête à l'est, le défilé de la Galante; à peu de distance au-dessous, celui de Langesse ; enfin à l'ouest, vers la partie inférieure, le défilé de Roquefavour.

En amont du défilé de la Galante, la pente de la vallée est bien plus faible que dans le défilé lui-même : l'aspect des lieux démontre que ces gorges ont donné issue aux eaux des lacs dont les barrages se trouvaient auparavant dans les mêmes points. Vers la surface supérieure de leurs rochers, ces défilés rattachent le niveau du plateau de Belcodène, Gardanne et Vitrolles à celui qui longe, depuis le Cengle jusques vers Ventabren, le pied méridional du massif de Ste.-Victoire.

Le plus resserré dans toutes ses parties est le défilé de Langesse; à 30 mètres au-dessus des eaux de l'Arc, il n'a que 110 mètres de largeur.

Comparaison des défilés de la Galante, Langesse et Roquefavour.

Roquefavour est de beaucoup plus large : à 8 mètres au-dessus de l'Arc il a 310 mètres de largeur. En comparant la section de ces passages, on trouve qu'à 218 mètres au-dessus de la mer, à la Galante, la section a 4,980 mètres carrés; à même hauteur à Langesse 4,770 mèt. ; tandis qu'à 158 mèt. seulement au-dessus de la mer, la section à Roquefavour est de 22,870 mètres. Cette dernière est plus de cinq fois aussi étendue que chacune des précédentes.

En résumé la configuration du terrain présente :

Quatre passages dans le massif du nord en allant de l'est à l'ouest.	Plateau de Venelles, Gorge de Rognes, Gorge des Taillades, Brêche de Lamanon.
Deux passages dans le massif du sud.	Cols de Meyreuil et de Septèmes. Rétrécissement de la Nerthe.
Trois défilés dans la vallée de l'Arc pour la traverser.	La Galante, Langesse, Roquefavour.

Parmi les cols, le plateau de Venelles est très-notablement le passage le plus élevé. Parmi les défilés, celui de Roquefavour est, dans une proportion très-grande, le passage le plus large et le plus défavorable pour un pont-aqueduc dans la vallée de l'Arc.

Résultats de la comparaison des cols et des défilés.

La ville d'Aix, adossée aux flancs du plateau de Venelles, dans la vallée de l'Arc, est un point obligé qui se raccorde assez bien avec l'ensemble du plateau sur lequel Gardanne, Simiane et Bouc sont placés. En examinant le pays sur une vaste échelle, on voit en effet la ville d'Aix se rattacher par le bas du plateau de St.-Marc avec le plateau du Cengle et du Tholonet. Ce dernier se joint au plateau de Gardanne et Meyreuil, par les passages de la Galante et de Langesse.

Hauteur relative des points obligés.

Si l'on cherche enfin quelles sont les parties les moins déchirées de cette espèce de nappe de terrain, on voit que c'est entre Fuveau, Gréasque, Gardanne, Simiane et Septèmes que se trouvent les parties les mieux conservées de la haute plaine, tandis que les portions les plus déchirées sont à l'ouest de la route royale d'Aix à Marseille vers Cabriès, Ventabren, Vitrolles et les Pennes.

Ainsi, tandis que la partie vraiment unie et facile, après le défilé des Tailla-des, ne se trouve que plus bas et plus à l'ouest vers Salon et St.-Chamas au commencement de la Crau, le terrain le plus uniforme au-dessus de la hauteur d'Aix se trouve au contraire à l'est, sur la rive gauche de l'Arc.

Partie de la vallée de l'Arc plus convenable pour un tracé de Canal.

On voit de suite combien serait trompée l'espérance d'un ingénieur qui voudrait aller chercher vers l'ouest de la ville d'Aix un terrain un peu élevé, horizontal et peu tourmenté; combien il est faux d'affirmer *en général* que le bas d'une vallée est meilleur pour soutenir un tracé que la partie haute.

Après avoir ainsi fait connaître les principaux traits de la vallée de l'Arc, disons quelques mots de celle de la Durance, puisque c'est dans cette dernière que la prise d'eau sera faite; que ce soit dans la Durance même ou dans le Verdon, n'importe, c'est toujours le même bassin qu'il faut cotoyer.

La vallée de la Durance présente dans toute l'étendue de son cours une pente légèrement décroissante à mesure qu'elle se rapproche de son embouchure dans le Rhône. Au-dessous de Cadarache, la moyenne de cette pente se rapproche

Vallée de la Durance.

de 0,0022 par mètre, mais elle est faiblement inférieure à ce chiffre au-dessus des grands resserremens ; elle devient plus forte en amont de la jonction du Verdon.

Les plus remarquables d'entre les resserremens de la Durance sont ceux de Mirabeau et du rocher de Janson, vis-à-vis de Cadenet. C'était autrefois vers ces points que l'on assignait les projets de prise.

La Durance a toutes ses eaux d'été dès le confluent du Verdon.

La Durance ne reçoit aucun affluent important au-dessous du Verdon. Ce ne sont plus, en aval, que des torrens plus ou moins larges, qui n'apportent rien pendant l'été, excepté pendant les momens d'orage ; ainsi, à partir du confluent du Verdon, on peut regarder cette rivière comme ayant tout le volume d'eau qu'elle peut débiter d'une manière régulière ; de sorte que, dans les parties inférieures au confluent du Verdon, la masse d'eau ne s'accroît que pour produire plus de ravages et fatiguer davantage tous les ouvrages d'art pendant les grosses averses.

Il est possible même que, pendant les chaleurs de l'été, les parties inférieures de la Durance n'offrent plus une quantité d'eau égale à celle qui circule au confluent du Verdon ; une portion doit se perdre dans les graviers et une autre par l'évaporation.

Il est assez connu, en effet, que la plupart des torrens à fond de graviers et à pente rapide ont, dans la saison sèche, vers leurs parties inférieures, bien moins d'eau qu'ils n'en ont reçu.

Coupe de la vallée de la Durance.

En examinant la coupe de la vallée de la Durance, on reconnaît qu'elle présente, dans toute sa longueur, trois lignes d'escarpemens se succédant après des parties planes assez étendues.

1° Berges de la rivière à 4 ou 5 mètres au-dessus des basses eaux de la Durance, supportant une plaine.

2° Berges de l'ancien lit, placées à une hauteur qui varie de 25 à 35 mètres au-dessus de la berge précédente. Cette berge supporte une nouvelle plaine plus ou moins ravinée, très-caillouteuse : la Crau pourrait en être le prolongement inférieur.

3° Enfin un escarpement de 40 mètres environ au-dessus du précédent, portant un dernier plateau bien plus déchiré et qui domine les dernières lignes du faite de la vallée.

Les plaines supportées par ces berges suivent assez bien la pente générale de la Durance, ensorte que si l'on dirigeait un plan horizontal à partir d'un point quelconque de la vallée, la section offrirait au-dessus des trois berges, trois lignes à peu près droites, séparées par trois autres lignes, de plus en plus sinueuses et tourmentées, correspondant aux flancs des trois escarpemens successifs.

Il en résulte encore que si l'on considère les sections faites par deux plans horizontaux, les deux lignes que l'on obtiendra seront à peu près égales dans leurs détails, si l'on compare les parties également distantes des points de départ. On peut, dès qu'on jette les yeux sur une carte, estimer l'étendue et le nombre des inflexions par celui des ravins et par la longueur de leur cours.

Conséquences de la figure de la vallée de la Durance. Moyen facile d'apprécier en grand les difficultés des tracés sur les rives de la Durance.

On peut donc conclure qu'en général les tracés qui se prolongent d'une même quantité dans la vallée de la Durance offrent, sensiblement, des circonstances analogues.

D'après la pente que nous avons assignée à la Durance, on voit encore qu'un tracé horizontal, qui aurait plus de 20,000 mètres de long, atteindrait toujours les points situés à près de quarante-cinq mètres au-dessus de la Durance, points qui se trouveraient sur la troisième berge. A trente mille mètres, on ne serait pas encore au-dessus de cette troisième berge; on se trouverait dans ses plus grandes sinuosités dans les parties les plus défavorables.

Les principaux torrens situés vers la rive gauche de la Durance sont à, partir du confluent du Verdon, le ruisseau de Saint Paul, celui de Jouques, le ravin de Vaulubière près Meyrargues, puis les ravins de Venelles, du Puy, de Rognes et des Taillades.

Aux circonstances topographiques que nous venons de signaler, on peut ajouter que les escarpemens les plus abruptes et les plus rapprochés de la Durance se trouvent de Mirabeau à Logis-d'Anne et vers les rochers de Janson et des Taillades; mais une circonstance très-importante à noter, lorsqu'on étudie les vallées de l'Arc et de la Durance, est l'ouvrage des Romains qui lie ces deux vallées. Destiné à amener à Aix les eaux de la source de Jouques, nommée *Traconade*, cet ouvrage passait ainsi d'une vallée à l'autre.

Canal des Romains.

Les principaux restes de ce travail sont un souterrain et un aqueduc placés à l'est de Meyrargues ; puis des restes de la voûte en maçonnerie au-dessus de la route à l'ouest de Meyrargues et des débris d'un second pont-aqueduc sur le torrent de Vaulubière. L'aqueduc se prolonge ainsi jusqu'à Terre-Longue au-dessus de l'Espougnac, sous Venelles.

L'existence de ce Canal était affirmée, mais sans aucuns détails qui pussent permettre de décider comment le plateau de Venelles avait été traversé.

Pénétrés de l'idée que la découverte de ce percé donnerait, non-seulement de nouvelles lumières sur le meilleur tracé à adopter, mais encore qu'il pourrait être d'un puissant secours pour l'établissement du Canal lui-même, nous avons recherché avec ardeur à le reconnaître sur tous les points.

Nous avons ainsi trouvé :

Percé des Romains à travers Venelles.

1° Que les deux extrémités de ce souterrain sont, l'une à Terre-Longue, où le torrent de l'Espougnac l'a coupé, et l'autre à St.-Eutrope sur la route qui monte d'Aix vers Venelles.

2° Que cet aqueduc a été rompu aussi au vallon des Pinchinats, au point où il était sans doute autrefois recouvert de terres que le torrent à depuis emportées. Cette dernière partie est située au point marqué *Galici*, sur la carte de Cassini, au-dessus du Pavillon de l'Enfant.

Les dimensions de ce Canal varient en largeur de 60 à 75 centimètres : il est recouvert de tuf déposé par les eaux, formant jusqu'à l'épaisseur de dix centimètres : preuve irrécusable du temps prolongé pendant lequel il a livré passage aux eaux.

Puits reconnus.

Dans l'intervalle de Galici à Terre-Longue, nous avons retrouvé sept puits aboutissant à ce percé.

1° Le puits Peysse ou Dubreuil, recouvert d'une maçonnerie établie depuis peu d'années pour empêcher les accidens.

2° Le puits Philip, recouvert de deux grandes dalles.

3°, 4°, 5° Trois autres puits en s'avançant vers les sources de la Touloubre.

6° Le puits Roche, près la campagne des Quatre-Tours ; la terre végétale le recouvre.

7° Le puits Cabassol, vers le point culminant de Venelles, recouvert de pierres entassées qui laissent à nu sa garniture intérieure.

Ainsi, par ces recherches, nous avons fixé complétement la ligne suivie par le souterrain. Nous avons obtenu 10 points de repère. Les maçonneries intérieures sont parfaitement solides. Il serait facile de les nettoyer et de mettre à nu d'autres puits recouverts depuis long-temps; mais du reste on voit dès à présent que de Terre-Longue, le percé romain s'avançait au col de Venelles par la ligne du puits Cabassol, allait joindre vers Roche la ligne Thalweg dessinée par la source de la Touloubre jusqu'au nord de la campagne Philip, marchait parallèlement à la route jusques vers Peysse, et de ce point descendait vers le vallon des Penchinats. Cette ligne est parfaitement celle qui pouvait donner les puits les moins profonds de Terre-Longue au vallon des Penchinats. Nous avons, par des nivellemens, fixé la hauteur de l'entrée à Terre-Longue à.................................. 258 mètres au-dessus de la mer.

Hauteurs du percé Romain.

La sortie à St. Eutrope................. 235 mètres.

D'où la pente........................ 23 mètres,

sur 10,000 mètres de développement. Le niveau de l'entrée à Terre-Longue, est supérieur au niveau du confluent du Verdon à la Durance. Il faudrait puiser dans le Verdon pour atteindre cette hauteur; néanmoins nous verrons plus tard que de grands avantages peuvent être obtenus de cette construction.

Toujours est-il que ce percé constitue une nouvelle communication entre le bassin de la Durance et celui de l'Arc, et qu'il était essentiel d'en faire connaître les détails.

Reste à indiquer le principal relief de la vallée de l'Huveaune, près Marseille; nous en tirerons quelques nouvelles conclusions sur les irrigations que doit opérer le Canal.

Configuration de la vallée de l'Huveaune.

Au sud de Septèmes, vers St.-Antoine, commence un plateau légèrement incliné vers la vallée de l'Huveaune, déchiré par trois ravins principaux et leurs affluens:

Le ruisseau des Aygalades.

Le ruisseau de Jarret.

Enfin par l'Huveaune.

Débris de l'ancienne plaine

Les restes de ce plateau forment le sol du château des Tourres au-dessus de

Séon-St.-Henri, les terres cultivées de Château-Gombert et le Plan de Cuques; elles s'étendent au pied de la chaîne de l'Etoile sur la rive droite de Jarret.

Sur la rive gauche, la partie la plus importante de ce plateau est entre Jarret et l'Huveaune. Elle est signalée par les hameaux de St.-Julien et des Olives, et se prolonge jusqu'auprès de Marseille. Le même plateau, moins raviné, remonte l'Huveaune par les quartiers des Camoins et de la Treille. On peut suivre la saillie qu'il forme au pied de la chaîne jusques au-dessus d'Aubagne vers Roquevaire.

Sur la rive gauche de l'Huveaune, à partir de la Penne sous Aubagne, la rivière passe à peu de distance des Montagnes; aucun plateau ne sépare ces escarpemens de la plaine basse fécondée par les eaux de l'Huveaune. Dans toutes la partie basse du territoire, la terre végétale est épaisse; elle est mince et manque même quelquefois sur le plateau qui vient d'être décrit; on voit de suite que la partie du territoire de Marseille qui recevrait le plus avantageusement le double effet du colmatage et de l'arrosage, est précisément la haute plaine que nous venons de décrire.

Parties à colmater.

C'est là surtout qu'il serait important d'asseoir un Canal dont les eaux pourraient ensuite se déverser dans les parties basses.

Depuis les Tourres jusques vers Aubagne, il y aurait de belles étendues de terres végétales à créer.

C'est vers 170 mètres de hauteur que l'on pourrait assigner la limite de ce qu'il conviendrait d'arroser; ainsi, les étroites bornes de la vallée de l'Huveaune étant peu en harmonie avec la population agglomérée à Marseille, tout ce qui pourrait accroître le sol cultivable devient important à signaler.

Emplacemens d'Usines.

Les usines les mieux situées, après celles de Septèmes, seraient vers le Plan de Cuques, sur la route royale actuellement en réparation, qui doit amener la plus grande partie des charbons de la vallée de l'Arc, et aussi vers la Reynarde, près de la Route royale de Marseille à Toulon. Les eaux en tombant de la hauteur des terrains qu'elles auraient colmatés, mettraient en jeu les usines et iraient arroser les parties inférieures.

D'autres usines et d'autres arrosages pourraient être encore créés en prolongeant une rigole jusqu'au-dessous d'Aubagne et de Roquevaire; on pourrait arroser notamment le quartier de Saint-Jean de Garguier, à l'est du pont de l'Etoile, en jetant un aqueduc sur l'Huveaune appuyé sur le pont de l'Étoile.

Nature du Terrain.

Si les accidens nombreux de la superficie rendent très-difficile le tracé du Canal de Provence, s'il est nécessaire d'entamer le terrain sur de vastes étendues, en compensation il n'y a nulle part à lutter contre des roches basaltiques ou primitives. Un terrain volcanique apparaît sur une très-faible étendue, à Beaulieu, près de Rognes, vers la source de Concernade, mais aucun projet de canal ne pénètre dans cette direction.

Le terrain le plus ancien des Bouches-du-Rhône appartient au calcaire secondaire du lias; encore ne rencontre-t-on le lias bien caractérisé que sur un seul point, auprès d'Aix, dans la vallée de Vauvenargues. Ainsi, calcaires, marnes, argiles, gypses, grès et poudingues modernes, voilà les rochers que l'on rencontre.

Les sommités les plus élevées, la plus grande partie des chaînes de montagnes, appartiennent au groupe jura-crétacé composé de marnes dures et de calcaires. Ce groupe succède immédiatement au lias en s'avançant vers les terrains de plus en plus récens.

Le terrain de craie, proprement dit, ne se présente que dans quelques contre-forts marchant parallèlement aux chaînes.

Les plateaux de la vallée de l'Arc et de l'Huveaune sont constitués par des calcaires et marnes tertiaires appartenant à l'étage moyen. Les calcaires plus résistans forment la partie supérieure des plateaux; les marnes se manifestent sur des parties plus ou moins considérables des escarpemens; elles sont très-entamées par les eaux là où le calcaire les laisse à découvert.

Terrains de la Durance.

Dans la vallée de la Durance, la plaine basse est formée par les alluvions de la rivière qui continuent encore. Sous le sol on trouve des galets plus ou moins agglomérés.

La plaine qui se termine à la seconde berge est constituée par un poudingue consistant en ciment argileux rougeâtre avec noyaux de calcaire jura-crétacé; c'est le poudingue de la Durance se prolongeant à la Crau.

Le troisième escarpement correspond aux calcaires des terrains tertiaires moyens, semblables à ceux qui constituent les plateaux de la vallée de l'Arc et de l'Huveaune : près des ravins s'étendent des couches de tufs déposées par leurs eaux.

Dans la vallée de la Durance, ces tufs se remarquent près de St.-Paul à droite et à gauche du ravin, et auprès de Meyrargues dans des circonstances analogues.

L'inclinaison des couches n'est bien forte que dans le voisinage des chaînes de montagnes. La pente est bien plus grande pour les bancs de terrains jura-crétacé que pour les terrains tertiaires.

Aux grands rétrécissemens de la vallée de la Durance, vers Janson et vers Mirabeau, on retrouve le terrain jura-crétacé des chaînes de montagnes avec sa forte inclinaison.

Voici la composition des Terrains des Bouches-du-Rhône.

Terrain	Partie	Composition	Épaisseur
Lias........	Le Lias montre au jour ses marnes dures et ses bancs de calcaires supérieurs aux marnes dans la vallée de Vauvenargues.		
Terrains Jura-Crétacé	La partie inférieure est de marnes bleuâtres dures.		
	Partie moyenne....	Calcaires compactes, blancs, épais; Dolomies plus ou moins caverneuses.	
	Partie supérieure...	Calcaires compactes, blancs plus minces.	
Craies......	Partie inférieure...	Grès vert et marnes vertes dures.	
	Partie moyenne....	Sables, grès durs quarzeux.	
	Partie supérieure...	Calcaires plus tendres que les précédens.	
Terrain Tertiaire...	Inférieur..	Calcaire bitumineux. Epaisseur..................	300^{m}
	Moyen....	Argiles, sables et grès rouge, calcaire compacte d'eau douce; au-dessus gypses avec marnes et calcaire d'eau douce..	300^{m}
	Supérieur..	Marnes sableuses, moëllons dit molasse, poudingues de la Durance, anciens graviers, poudingues modernes et tufs..................................	très-variables.

Compositions des couches des points remarquables.

Les chaînes de montagnes qui séparent les vallées, les défilés qui coupent ces chaînes ou leurs cols, sont formés de terrains jura-crétacé. Néanmoins le col de Venelles est entièrement composé de terrain tertiaire moyen, marnes, calcaires et gypses.

Le col de Meyreuil appartient à la partie inférieure du même étage; argiles rouges, et calcaires.

Le passage des Taillades est du calcaire jura-crétacé, recouvert au sud de mollasse.

A la brèche de Lamanon, même composition qu'aux Taillades.

Col de Septèmes, marnes jura-crétacé dures et surmontées de tertiaire moyen.

Passage de la Nerthe : dolomies, marnes et calcaires compactes caverneux, appartenant au terrain jura-crétacé.

Les défilés de l'Arc ont les mêmes roches que le plateau dont ces défilés sont les déchiremens : calcaires compactes et argiles rouges au bas ; nous désignons ordinairement cette espèce de terrain sous le nom de *calcaire de Vitrolles*. On voit la coupe de ce calcaire et des argiles qui le supportent sur tous les escarpemens, passant par Vitrolles et s'étendant vers Ventabren au nord, vers les Pennes au sud.

Les argiles de ce terrain sont très-ébouleuses.

Les ouvrages d'art sont bien difficiles à asseoir d'une manière durable, sur les escarpemens qu'elles forment.

On les retrouve uniformément dans les déchiremens du plateau de Gardanne, Aix et Vitrolles.

Nulle part, dans les percés que l'on pourrait avoir à exécuter à travers les massifs des chaînes, on n'aurait à rencontrer des sables mouvans ; pour les percemens souterrains, ce que l'on pourrait avoir de plus favorable serait le moëllon ou le tuf.

Abattage plus ou moins facile des divers rochers passés en revue.

Le terrain le plus défavorable serait la dolomie (1).

Les marnes dures jura-crétacé sont difficiles à abattre, et après quelque temps de circulation de l'air elles se délitent. Il faut absolument les recouvrir d'une couche de maçonnerie hydraulique.

Les marnes tendres du terrain tertiaire moyen et de la mollasse, bien plus faciles à entailler, se délitent et s'éboulent plus aisément. Elles exigent un muraillement complet. Néanmoins le délitement ne marche pas si rapidement que l'on ne puisse, *si la section du souterrain est réduite à 4 mètres de diamètre*, avoir le temps d'établir la maçonnerie.

L'abattage est toujours plus facile dans les marnes dont les couches sont presque horizontales ; les lits permettant de détacher de fortes parties par le seul em-

(1) La Dolomie est toujours plus ou moins caverneuse. Les trous de mine sont souvent sans effet dans cette roche, parce que les gaz explosifs trouvent des issues. Cet inconvénient devient très-grave lorsqu'on est forcé de faire de petits trous, et c'est précisément là le cas qui se présente dans les galeries souterraines où les ouvriers gênés ne peuvent manier que le petit fleuret.

ploi du coin. La composition des marnes peu inclinées du plateau de Venelles explique l'exécution des souterrains ouverts par les Romains.

Eaux souterraines.

En général les eaux sont peu abondantes sur les plaines élevées des Bouches-du-Rhône. Si les plateaux sont marneux ou de calcaire marneux, les eaux ne peuvent s'infiltrer profondément. On ne les rencontre plus au-delà d'une petite profondeur sous la superficie. Les eaux pénètrent plus facilement dans les marnes inclinées ; elles suivent le plan des couches : ainsi, les marnes inclinées de la Nerthe et de Septèmes sont plus exposées à donner de l'eau que celles de Venelles.

Matériaux pour construction.

Pierres.

Les matériaux de construction abondent. Les calcaires compactes de tous les âges peuvent servir de pierres à bâtir pour remplissage et à faire des chaux grasses.

Chaux hydraulique.

Des chaux hydrauliques excellentes sont formées par les marnes jura-crétacé au col de Septèmes et à la Nerthe, ou par les marnes tertiaires au plateau de Venelles. Dans toute l'étendue de la vallée de l'Arc, on peut établir des fours à chaux hydraulique.

Moëllon dans la vallée de l'Arc.

Le moëllon nécessaire pour les grands ouvrages comme le pont-aqueduc sur l'Arc, peut s'extraire de la mollasse de St.-Marc, près le Tholonet, non loin de Langesse. Sous ce rapport Langesse est un peu plus favorablement situé que la Galante ; mais ces deux points sont dans des circonstances bien plus heureuses que Roquefavour ; à ce dernier point, la bonne pierre de taille ne pourrait venir que des environs de St.-Chamas ; si on employait la craie des environs de la Fare, on aurait une qualité supérieure, mais une préparation plus chère.

Sur d'autres points, on trouve ce moëllon au sud des Taillades ou vers Pélissane, par exemple.

Résultats de l'examen de la nature et de la configuration du terrain.

Il résulte de tout ce qui a été exposé dans ce chapitre, que la configuration du sol est telle qu'elle ne permet de choisir qu'un petit nombre de points pour passer de la vallée de la Durance à la vallée de l'Huveaune, en traversant la vallée de l'Arc. La connaissance préalable de ces points et de leurs niveaux permet de prévoir les principales combinaisons qui ont dû être essayées pour établir le Canal de Provence.

Les détails sur la vallée de la Durance nous ont fourni un moyen simple de comparer des tracés qui seraient établis sur ses rives.

La constitution de la vallée de l'Arc, nous a démontré que la partie haute était plus favorable aux tracés que la partie inférieure.

Enfin, nous avons vu, dans la vallée de l'Huveaune, quelles étaient les conditions de hauteur auxquelles devait être assujetti l'arrosage du terroir de Marseille. Ces conditions se trouvent en harmonie avec la possibilité d'arroser Aubagne et une portion de Roquevaire.

L'étude des terrains des trois vallées a mis à découvert les difficultés et les avantages qui s'offraient ici pour les travaux souterrains sur ces diverses parties, et enfin les ressources que l'on rencontre pour les constructions extérieures ou intérieures.

Nous avons signalé la supériorité marquée que nous paraît avoir Langesse pour établir un grand pont-aqueduc.

Avec ces élémens nous pouvons rendre intelligible l'histoire de l'apparition des divers projets.

CHAPITRE III.

Exposé des diverses études et des divers projets du Canal de Provence.

Adam de Craponne.

Adam de Craponne, en fesant un traité avec la ville d'Aix, par lequel il s'obligeait à amener une partie des eaux de la Durance dans cette capitale de la Provence, n'indiqua nullement la direction qu'il se proposait de suivre. On voit seulement dans cette intéressante pièce, datée de 1565, et retrouvée par M. Roard, bibliothécaire à Aix (1), l'engagement pris par Adam de Craponne de faire un petit canal-modèle avant de toucher aux fonds destinés à payer l'exécution définitive. On sait néanmoins qu'Adam de Craponne essaya d'entrer dans la vallée de l'Arc par la brèche de Lamanon, et de remonter sur les deux flancs de cette vallée ; mais les difficultés de ce tracé le dégoutèrent.

Floquet.

Il y a environ un siècle, Floquet consacra sa vie à élaborer le projet de canal qui devait arroser Aix et Marseille. La prise était à Cante-Perdrix : après avoir

(1) Volume 2 des manuscrits de Peyresc.

parcouru la vallée de la Durance jusques au passage de Rognes, il entrait, par un souterrain de 6,359 mètres, dans le bassin de la Touloubre, se dirigeait sur Aix par Éguilles, passait l'Arc au-dessus d'Aix, sur un pont-aqueduc à Langesse, circulait dans les parties basses des communes de Gardanne, Bouc, Cabriès, arrivait au-delà du col de Septèmes par deux petits souterrains. Il entrait dans le bassin de Marseille, au-dessus de Notre-Dame, se développait sur les débris du plateau qu'on rencontre de Fontainieu à Allauch, jetait une dérivation destinée aux environs de la ville de Marseille, en s'appuyant sur la partie du même plateau située entre l'Arc et l'Huveaune. Enfin, le canal principal traversait l'Huveaune à la hauteur de la campagne Bausset, pour arriver à la mer par Mazargues et Montredon.

Ce tracé présentait un ensemble de plus de seize mille mètres de souterrains, mais c'était la première étude complète; la dérivation entre les deux rives de l'Huveaune et Jarret était très-heureusement posée.

Plagniol.

L'ingénieur Plagniol reprit en 1819 les études d'une dérivation de la Durance, déclarant le projet de Floquet inexécutable; il proposa un canal pour Aix seulement. La prise d'eau aurait été vers les forts de Peyrolles. Le canal serait arrivé par les Taillades et le défilé du Jas de Camploup, dans la chaîne de la Fare, près Coudoux, un peu au-dessous du niveau de la ville d'Aix. Cette solution était incomplète sous tous les rapports, et ne satisfesait pas même entièrement aux besoins de la ville d'Aix.

Garella. Premier projet.

M. l'Ingénieur en chef Garella fut alors chargé de reprendre l'ensemble du travail; une allocation du département fut destinée à tous les frais de ses opérations. Les objections faites par M. Plagniol, contre la prise à Mirabeau furent combattues. M. Garella adopta le tracé de Floquet jusques au vallon de Rognes, mais pour avoir un percé moins long, il se développait vers les Taillades, se dirigeait, non plus sur Aix, mais vers Marseille. L'ensemble des percés par lesquels il pénétrait ainsi, de la vallée de la Durance à Lambesc, par les Taillades, offrait 2,592 mètres; après avoir franchi la chaîne de la Fare par le passage à ciel-ouvert de Camploup, il allait traverser l'Arc à Roquefavour.

Il circulait autour de l'escarpement de Vitrolles; aprè avoir dépassé les Pennes, il entrait dans le bassin de Marseille par un souterrain à la Nerthe, et venait joindre l'ancien projet Floquet au-dessus de Notre-Dame.

Le niveau de l'Arc à Roquefavour se trouvant trop bas relativement au Canal, le pont-aqueduc aurait été de plus de 100 mètres de hauteur. Cet inconvénient était éludé par une chute de 34 mètres, qui laissait encore 76 mètres de hauteur au pont-aqueduc.

Cette solution évitait bien une partie des souterrains du projet Floquet, mais avec des inconvéniens majeurs. Au lieu de plus de 16,000 mètres de percé, comme Floquet, il n'y en avait plus que 4,000. L'administration des ponts et chaussées vit avec regret que l'irrigation d'Aix était abandonnée, et que les chutes étaient sacrifiées dans des lieux si éloignés des routes qu'il était difficile de les utiliser.

Le projet de M. Garella avait été achevé en 1827. En 1829 une nouvelle étude fut faite sous l'influence et aux frais de M. Bazin, par des collaborateurs qui avaient long-temps examiné la contrée. Pendant qu'elle s'exécutait, M. Garella rectifiait sa pensée et revenait à l'ancien projet Floquet modifié.

Projet Floquet repris par M. Garella.

Le canal Floquet, repris par M. Garella, devait fournir immédiatement une puissante irrigation à toutes les communes traversées ; trente-trois mètres cubes étaient pris pour ces nombreux besoins.

Les percés avaient été écartés à tout prix dans le premier projet Garella ; on y revint en adoptant la ligne de Floquet, mais en substituant toujours au percé de Rognes le développement et le percé des Taillades. Ce changement valait moins que l'idée première de Floquet.

Plusieurs dérivations se détachaient du canal principal.

Le canal devait servir en outre pour une petite navigation ; partout une large section lui était conservée dans ce but. La hauteur de ses eaux à l'étiage était de 2 mètres 25 c.; sa longueur totale de 153 kilomètres jusqu'à l'entrée du bassin de Marseille ; la dépense n'était évaluée qu'à 16 millions.

Malheureusement pour ce projet, aucune des communes à arroser ne voulait s'engager d'avance à acheter de l'eau ; Marseille seule offrait une ressource assurée. Ainsi, ne faisant pas de distinction des moyens économiques de satisfaire aux besoins présens et de réserver la faculté de pourvoir aux besoins futurs, ce projet ne présentait pour le moment, que d'énormes frais avec de faibles revenus immédiats. La dépense se serait élevée en réalité beaucoup au-dessus du chiffre posé.

Sous le rapport même de l'intérêt public, il y avait là l'inconvénient grave de perdre, dans les circuits, la pente nécessaire pour obtenir, avec la moindre masse d'eau, le plus grand effet sous tous les points de vue. Quant à la navigation, les circuits même du canal démontraient qu'elle ne serait que d'un avantage très-minime.

Du reste, dans le bassin de Marseille, le développement de ce canal était bien tracé. Arrivant dans ce bassin à 189 mètres de hauteur, il pouvait satisfaire à tous les besoins d'irrigation; la grande dérivation entre Jarret et l'Huveaune était prolongée jusques dans la ville même de Marseille, et lui fournissait, à la plus grande hauteur de ses rues, toute l'eau qu'elle pouvait réclamer : 136 mètres de chute se trouvaient très-convenablement placés vers les Camoins et la Treille, à peu de distance de la route royale de Marseille à Toulon.

M. Garella avait senti lui-même depuis long-temps l'avantage qu'il y aurait eu à passer de la vallée de la Durance dans la vallée de l'Arc par le plateau de Venelles, mais il se trouvait amené à un percé de 10,000 mètres, et ne connaissant ni les circonstances favorables de ce passage, ni les conditions dans lesquelles il pouvait se placer pour assurer le succès d'un pareil percement, il en avait rejeté la pensée.

Dans tous les cas, ses études opiniâtres rétablissant la foi au succès d'un projet qui avait été ébranlée par M. Plagniol, familiarisèrent avec les règles à suivre dans les tracés de canaux, et rendirent un service qu'on ne devra jamais oublier. Les études faites ultérieurement ont dû beaucoup aux recherches de M. Garella. L'allocation du conseil général porta donc toujours ses fruits.

Projet Bazin.

Vint en 1832 la solution présentée par M. Bazin. Ici fut posé le principe vrai et fécond qu'il fallait, avant tout, faire un canal principal, passant par Aix et Marseille, pour satisfaire aux besoins urgens; établir ce canal à une plus grande hauteur pour avoir la facilité de faire ensuite des dérivations partout où besoin serait. La petite navigation mise de côté comme improductive.

La prise était relevée à St.-Paul, à 10 mètres 50 c. au-dessus de celle de Cante-Perdrix; la quantité d'eau déversée dans le canal était seulement de 16 mètres cubes à l'étiage, et 24 aux hautes eaux : la profondeur du canal à l'étiage de 2 mètres. La pente de 22 c. par kilomètre indiquée par M. Garella, était adoptée aussi par les auteurs du projet Bazin ; mais le système des percés était posé ici comme préférable aux développemens.

Le plateau de Venelles devait être franchi par un souterrain de 8,770 mètres.

Le passage de l'Arc établi à la Galante comme le plus convenable pour le nouveau projet.

La chaîne de l'Etoile franchie par un souterrain vers la Mure, afin d'arriver à une plus grande hauteur et dans une partie plus centrale du bassin de Marseille.

Dans le bassin de Marseille, le tracé Floquet-Garella était adopté, excepté sur la rive droite de Jarret ; seulement M. Bazin se maintenait plus haut pour arriver au niveau d'Allauch. La pente des percés établie plus forte que dans le projet Garella, afin d'en réduire la section ; c'était là une pensée neuve, relativement aux autres projets.

L'ensemble de toute la longueur du Canal, jusqu'à l'entrée dans le bassin de Marseille, n'aurait été que de 86 kilomètres, sur lesquels 13,500 mètres en percé ; l'eau devait arriver à une hauteur de 209 mètres 398 c., à l'entrée du bassin de Marseille, à la Mure.

Le prix du Canal, évalué d'après un taux bien plus fort que celui posé par M. Garella, aurait été de 18 millions de francs.

Il était évident que ce projet pouvait par la suite, à l'aide des dérivations, arroser plus de pays, et être plus universellement utile que le projet Garella. De plus il satisfesait plus complétement, et pour Aix et pour Marseille, aux besoins présens, et permettait de tirer du même volume d'eau, une plus haute utilité.

Nous nous convaincrons plus tard que le système des percés, qui avait eu pour Venelles une heureuse application, avait été exagéré néanmoins, parce qu'on avait mis des percés là même où l'on aurait pu les éviter.

Sous le rapport des usines et de l'irrigation, ce projet était beaucoup plus utile pour Aix, Gardanne, Simiane et Bouc, que tout ce qui avait été conçu.

Un des traits heureux de ce projet était d'avoir saisi l'avantage que présentait le plateau de Gardanne pour un tracé de ce genre.

Le conseil général des ponts et chaussées préféra ce projet à celui de M. Garella, tout en exprimant des doutes sur le succès du percé de Venelles, et en laissant au concessionnaire la faculté d'abandonner ce projet, si des puits d'essai dans le plateau de Venelles ne donnaient pas la certitude du succès du percement. On ne songeait pas en ce moment que ces puits d'essai étaient faits depuis près de 2,000 ans !

Le conseil général du département et de la ville d'Aix, n'ayant pas jugé, en 1834, qu'il fût convenable d'engager aucune somme pour l'exécution de ce projet, M. Bazin s'abstint de faire commencer les travaux. La ville de Marseille délibéra alors de faire tous les frais d'exécution moyennant une somme donnée à forfait à M. Bazin; celui-ci réduisit la section de son canal; il ne s'agissait plus que de 10 mètres cubes à l'étiage, destinés presque exclusivement aux besoins de Marseille. Il demandait à forfait 16 millions se chargeant de tous les frais et risques quelconques de l'entreprise, même du coût des dérivations dans le bassin de Marseille et de l'achat des terrains.

Les préventions contre les souterrains firent éclore un autre système.

Prise sur le Verdon; projets Michel, Dumolard, Seguin.

Etablir la prise, non plus seulement à St.-Paul, mais sur le Verdon, en amont de Gréoux, à plus de 300 mètres au dessus de la mer; arriver ainsi à la hauteur du plateau de Venelles pour le franchir par une tranchée de 15 mètres de profondeur; amener ensuite à Marseille près de 6 mètres cubes d'eau par seconde, après avoir laissé à Aix de quoi satisfaire aux besoins de la ville : telle était l'idée principale des projets qui furent annoncés et étudiés par M. Michel d'une part, par MM. Barrès-Dumolard et Bernex, d'autre part. M. Seguin paraissait aussi se rattacher au même système, lorsqu'il offrait 6 mètres cubes à Marseille, moyennant 18 millions.

Le tracé de ce Canal n'a jamais été indiqué avec précision. Quelle serait la ligne avant et après le passage de Venelles ? Comment aurait-on surmonté les difficultés présentées par le troisième ordre d'escarpemens de la vallée de la Durance ?

De nombreux travaux d'art semblaient nécessaires : M. Dumolard y ajoutait encore les frais d'une voûte continue pour empêcher l'évaporation et la chute des graviers dans la cuvette. En évitant les frais des percés, on se trouvait jeté dans des travaux à ciel-ouvert très-longs, qui paraissaient devoir coûter bien plus que les percés, et la solution était incomplète.

Le jaugeage du Verdon, exécuté plus tard, démontra que cette rivière, à l'étiage, ne pourrait débiter que 6 mètres 61 centimètres; ainsi la prise, qui était rigoureusement suffisante pour Marseille, était incapable de satisfaire à d'autres besoins.

Premier projet Mont-Richer.

Cependant M. de Mont-Richer, en déclarant insuffisante la prise du Verdon, était à son tour préocupé de l'idée de construire un canal qui eût pour but principal de satisfaire aux besoins de Marseille, parce que cette cité offrait seule jusqu'ici de contribuer aux frais du Canal.

M. Michel s'était rattaché au niveau le plus élevé. M. de Mont-Richer descendit autant qu'il le put.

Voici les élémens de son tracé :

— Prise au pont de Cadenet,

— Passage à la brèche de Lamanon,

— Sortie du massif du nord par Pélissanne et Coudoux,

— Pont-aqueduc de Roquefavour à 55 mètres de hauteur,

— Cotoyer les escarpemens de Vitrolles avec divers souterrains,

— Souterrain à l'Assassin pour franchir les hauteurs des Pennes,

— Souterrain à la Nerthe, à travers la chaîne de l'Estaque,

— Arrivée à la Viste à 110 mètres de hauteur, après 108 kilomètres de développement, non compris un circuit dans le terroir de Marseille, inutilement plus long que dans les tracés précédens.

Dans le bassin de Marseille, au lieu d'arroser les plateaux et de les colmater, ce projet était forcé de les cotoyer. Il n'était plus possible, avec ce niveau inférieur, de se poser sur la ligne de hauteurs qui, depuis Allauch, se prolongent vers Marseille, en passant par St.-Julien. Il fallait abandonner cette heureuse solution trouvée par Floquet et adoptée par tous les projets postérieurs.

Ce projet devait amener 15 mètres cubes d'eau dans les hautes eaux, lorsque la cuvette aurait eu 3 mètres de profondeur et 10 mètres cubes à l'étiage, lorsque la hauteur du liquide n'aurait été que de 2 mètres. D'après les bases du projet, presque toute cette dernière quantité était indispensable pour Marseille.

Sous le rapport d'utitité générale

L'irrigation d'Aix et autres points importans était à jamais sacrifiée.

Les ressources que le département des Bouches-du-Rhône devait retirer de la Durance mises à néant.

Près de trois mètres cubes d'eau, destinés uniquement aux usines de Marseille, devaient être versés à la mer sans avantage pour l'agrîculture.

Sous le rapport d'utilité pour Marseille.

L'arrosage et le colmatage du territoire étaient d'une insuffisance frappante.

Ces inconvéniens majeurs résultaient du niveau trop bas et du principe spécieux, mais inexact par le fait, qu'il était plus facile d'asseoir un tracé sur la partie basse de la vallée de l'Arc. Dans la pratique, il arrivait que le Canal, étant seulement au niveau des déchirures du plateau, ne pouvait cheminer qu'à la condition de percer successivement tous les lambeaux de ce plateau ; les souterrains n'étaient pas évités, mais morcelés ; on en avait 8,561 mètres, avec des travaux à ciel-ouvert et des ouvrages d'art bien plus multipliés et plus dispendieux.

Sous le rapport financier.

On annonçait ce projet comme bien préférable au projet Bazin réduit à 10 mètres cubes ; cette erreur fut bientôt mise à nu par les auteurs du projet Bazin.

L'apparition de ce projet produisit une réaction très-heureuse. Aix, Gardanne, Simiane et Bouc, menacées de l'exécution d'un Canal qui anéantissait leur avenir, offrirent de participer à toutes les dépenses ; enfin la donnée fut aggrandie et de nouvelles études commencées.

Second projet Mont-Richer.

M. de Mont-Richer modifia et améliora grandement son tracé.

La prise fut relevée jusqu'aux ouvrages du pont de Pertuis, à 185 mètres au-dessus de la mer.

— Le passage en souterrain aux Taillades adopté.

— Sortie du massif du nord par Coudoux.

— Maintien au-dessus du premier tracé jusques à Roquefavour.

— De Roquefavour remonter en cotoyant le vallat de Trebillanne.

— Par un percé vers la Bedoule arriver au dessus des Pennes.

— Enfin, souterrain à la Nerthe pour déboucher, après quelques developpemens, à Notre-Dame, à 150 mètres au-dessus du niveau de la mer.

L'auteur annonçait qu'une dérivation pouvait être établie, avant le passage de l'Arc, qui aurait remonté jusqu'auprès du niveau de la ville d'Aix.

Le développement était réduit à 83 kilomètres, de la Durance à Notre-Dame, entrée du bassin de Marseille. Les percés étaient devenus forcément moins morcelés et portés à une longueur totale de 9,061 mètres; on se rapprochait encore ainsi de la donnée Bazin, mais avec le grand ouvrage d'art de Roquefavour fortement augmenté; le pont-aqueduc ne pouvait avoir moins de 76 mètres de hauteur.

Ce projet, plus utile que le précédent, offrait cependant encore les inconvéniens d'un niveau trop bas; ses avantages présens et futurs étaient bien moindres que ceux des projets Garella et à plus forte raison que ceux du tracé Bazin: ainsi il le cédait, sous le rapport d'utilité, à tous les projets antérieurs.

Irrigation pour Aix prodigieusement incompléte.

Gardanne, Simiane, Bouc et autres points entièrement sacrifiés.

Encore une masse d'eau destinée *uniquement* aux usines et reversée à la mer.

Sous le rapport de l'utilité pour Marseille il y avait toujours insuffisance: plusieurs parties des plateaux à colmater ne pouvaient être atteintes.

Pour l'économie, on a présenté ce projet comme bien supérieur au projet Bazin, puisque l'évaluation totale de M. de Mont-Richerne portait que 9,000,000, et M. Bazin, dans l'évaluation la plus récente, avait fixé son Canal à 13,227,000 fr., ou au moins à 12,227,000 fr., en supprimant la réserve d'un million spécialement affectée au percé de Venelles; plus tard nous comparerons ces évaluations.

Pour le moment, la question est surtout posée entre le projet Bazin et le dernier projet Mont-Richer. Le grand nombre de combinaisons qui ont été tentées semblent avoir épuisé la question et avoir réduit le choix à faire entre ces deux tracés.

Toutes les prises paraissent avoir été essayées

Sur la Durance,	Cadenet,	Pertuis,	Peyrolles,	Cante-Perdrix,	St. Paul
	$156^{m\,c}$	$185^{m\,c}$	$203^{m}20^{c}$	$226^{m}003$	$236^{m}573$

et une haute prise sur le Verdon à plus de 300 mètres de hauteur au-dessus du niveau de la mer.

Pour éviter le grand percement de Venelles, on a tenté ce qu'il y avait de plus bas et le niveau le plus élevé: on s'est toujours vu entrainé dans de grands développemens et d'immenses travaux d'art.

Lorsqu'on prenait le plus bas niveau, les circuits se fesaient dans la vallée de l'Arc ; ils étaient placés dans la vallée de la Durance, quand on prenait le point de départ le plus élevé.

Un effet bien remarquable de ces travaux comparés, est que les ingénieurs qui avaient commencé leurs études avec le dessein arrêté d'éviter les percés, ont été amenés, par de plus mûres réflexions, à préférer les percés aux ouvrages d'art et aux développemens trop longs : cela est arrivé à M. Garella, cela vient d'être signalé chez M. de Mont-Richer : on est assez tenté de conclure de ce rapprochement, que les percés ne sont chose effrayante que pour ceux qui ont le moins approfondi leurs avantages et les conditions de leur succès.

S'il s'était agi des besoins de Marseille seulement, nous aurions indiqué une prise sur le Verdon à 10 kilomètres au-dessus du confluent, pour arriver au niveau du percé des Romains. Alors il aurait suffi d'élargir le canal Romain de manière à avoir une section de 3 mètre cubes à l'étiage. On aurait pu encore combiner une prise principale sur le Verdon avec une prise auxiliaire dans la Durance au-dessus du conflent : mais nous pourrons voir plus tard qu'aucune de ces solutions d'utilité plus restreinte ne serait, dans les circonstances actuelles, d'une économie réelle pour la population qui l'entreprendrait ; fort heureusement il arrive dans ce cas-ci, que la solution la plus utile à tous est aussi la plus avantageuse à chacune des deux grandes villes à arroser.

Examinons en détail le projet Bazin.

CHAPITRE IV.

Examen du projet Bazin.

Projet Bazin.

La prise à l'étiage devait fournir 10 mètres cubes d'eau par seconde. La cuvette du Canal devait offrir, dans cet état, 2 mètres de hauteur d'eau ; la pente devait être, en circonstance ordinaire, 22 centimètres pour mille mètres; double dans les tranchées en rocher ou tranchées en terre profondes et petits souterrains ; dans les longs souterrains elle devait être portée bien plus haut.

Le tracé a été divisé en trois parties :

1° De la prise d'eau jusqu'à Aix;

2° D'Aix, à l'entrée du bassin de Marseille;

3° De l'entrée du bassin de Marseille à la mer.

PREMIÈRE PARTIE.

De la prise à Aix.

De la prise à Meyrargues.

La prise d'eau est faite sous le rocher de St.-Paul; le canal, dès son origine, entre dans un souterrain courbe percé à travers le tuf qui supporte le village et qui est entamé vers la superficie par un ravin. Le tuf forme une surface assez unie dont la hauteur maximum au-dessus de la Durance est de 20 mètres.

Le canal, ramené par le souterrain au bord de la Durance, se développe sur la rive pendant 300 mètres, puis rentre sur le terrain d'alluvion qui s'étend entre Mirabeau et St.-Paul. A travers ce terrain percent par intervalles sur les bords de la Durance, des rocs de calcaire jura-crétacé.

A Mirabeau, le canal se trouve au dessous du niveau de la route, établie elle-même sur le calcaire dur. Il fallait entailler la cuvette du canal sur les flancs du rocher ou entrer en percé : les auteurs du projet ont préféré le dernier parti. De Mirabeau à Cante-Perdrix, presque tout le reste du canal est en flanc de rocher; à Cante-Perdrix, nouveau petit percé, quoiqu'il n'eût pas été sensiblement plus long de cotoyer l'escarpement abrupte.

De Cante-Perdrix au Logis-d'Anne, le tracé suivait les flancs de la montagne devenue moins escarpée, et se maintenait au-dessus de la route, qu'il traversait en deux points pour éviter une partie culminante de la voie publique.

Après Logis-d'Anne et un court développement dans le ravin au-dessous de Notre-Dame-de-Consolation, il abandonnait le terrain jura-crétacé pour entamer des coteaux de calcaire mollasse, jusques sous le moulin à eau de Seouves, près Jouques; il cheminait ainsi sur la seconde berge de la vallée de la Durance.

Le canal passant au-dessus de Peyrolles arrivait au-dessous de Meyrargues, toujours en flanc de la berge du 2e ordre, tantôt dans le calcaire mollasse, tantôt dans le poudingue de la Durance, tantôt vers Meyrargues dans le tuf; en plusieurs points, ces bancs sont recouverts d'une couche plus ou moins épaisse de terre végétale.

De Meyrargues à l'Espougnac.

Au-dessous de Meyrargues, le canal traversait d'abord la route royale, puis le torrent de Vaulubière, et de là se développait vers l'Espougnac, se maintenant dans la terre végétale et le poudingue ancien de la Durance; vers l'Espougnac, déjà parvenu à 43 mètres au-dessus des eaux de la Durance à Pertuis, il entrait dans le terrain tertiaire moyen, et en atteignait les escarpemens formés de beaucoup d'argile rougeâtre et de quelques bancs calcaires d'eau douce.

La tranchée qui, jusqu'à la profondeur de 14 mètres, précédait le souterrain de Venelles, était toute dans ce terrain. Enfin, au-dessus de l'Espougnac et sous la maison de campagne de *Terre-Longue*, commençait le souterrain de 8,770 mètres marchant droit au sud d'abord, pour atteindre le point le plus bas vers Venelles; il se dirigeait ensuite vers le sud-sud-ouest pour atteindre au plus tôt le ravin des Penchinats, toujours dans le terrain tertiaire moyen; près d'atteindre le vallon, il entamait un poudingue moderne.

Le souterrain aboutissait à une tranchée de 12 mètres de profondeur dans le terrain d'alluvion, à l'est du Pavillon de l'Enfant, sur la rive gauche du vallon. A ce point, devait être faite la dérivation vers Aix.

La pente dans le percé devait être de 70 centimètres par mille mètres; la section de 13 mètres 75 c. et le diamètre de 3 mètres 60 c. La hauteur maximum du plateau à percer au-dessus de la voûte du souterrain était de 116 mètres. Il fallait établir convenablement 20 grands puits, dont le plus profond aurait eu

109 mètres ; la profondeur moyenne de ces puits pouvait être fixée à 70 mètres.

La prise à St.-Paul a été généralement approuvée : la répercussion de la Durance, après le rocher de St.-Eucher, amène assez naturellement les eaux à St.-Paul; néanmoins à St.-Paul, la largeur de la rivière, bien plus grande qu'à Cante-Perdrix, permet des ensablemens : il aurait fallu, ici comme à Cante-Perdrix, quelques travaux submersibles pour assurer le passage du principal courant toujours vers la prise.

Remarque sur les travaux destinés à assurer la prise.

Les reproches adressés à cette partie du tracé Bazin sont les suivans :

Objections faites contre le projet Bazin.

1° Le souterrain courbe en tête du canal est un inconvénient.

2° Le canal se trouve établi jusqu'à une faible distance de Peyrolles, ou dans des coupures considérables, ou dans des souterrains commandés par la localité, ou enfin dans le lit de la rivière, contre des rives escarpées et coupées de nombreux ravins.

3° La prise à Cante-Perdrix aurait dû être préférée.

4° Le souterrain de Venelles, par sa longueur, présente des chances d'augmentation de dépense et de retard dans l'exécution.

(Extrait du mémoire de M. Mont-Richer sur son premier Projet).

5° Le souterrain de Venelles avait-il les dimensions les plus convenables ? Sa direction était-elle la meilleure qu'on pût choisir ?

Discutons tous ces points.

1re QUESTION. Souterrain de Saint-Paul.

1° Le souterrain *courbe* à St.-Paul était destiné à éviter le village et le torrent qui le traverse ; il n'était pas difficile à exécuter comme percé, puisqu'il était dans un tuf aisé à entailler et se soutenant naturellement en voûte. Un souterrain est en général destiné à passer le plus rapidement possible d'un point à un autre, à éviter la dépense et la perte de niveau qu'exigent les circuits ; le souterrain de St.-Paul manquait ainsi le but essentiel auquel doit satisfaire un souterrain. On peut percer en ligne droite sous des habitations. Comme tête de canal, la conception était mauvaise aussi, n'ayant que 1/5 de la pente de la Durance : ouvert à 2 mètres au-dessous du niveau de son étiage, les eaux du canal, en entrant, auraient certainement déposé du gravier et du limon.

2e QUESTION. Canal établi jusqu'auprès de Peyrolles, *ou dans le lit de la Durance.*

2° Le canal se trouvait établi, *jusqu'à peu de distaace de Peyrolles, en partie dans le lit même de la rivière*; en effet, après le souterrain de St.-Paul, 300 *mètres* se trouvaient dans cette position.

L'existence du Canal dans le lit de la rivière, et près de la rive, n'aurait présenté un inconvénient sérieux qu'autant que la rivière, déjà encaissée, n'aurait pu, sans de grandes difficultés, être resserrée davantage. On aurait pu croire, à Mirabeau et à Cante-Perdrix, des travaux de ce genre coûteux à faire ou à entretenir; mais les ingénieurs qui ont vu avec quelle facilité la Durance est encaissée par des piles ou des culées insubmersibles, partout où elle a 300 à 400 mètres de largeur; ceux qui ont vu avec quelle puissance résiste la pile placée au milieu de l'étroit passage de Mirabeau, ne peuvent qu'être étonnés de cette objection. Il semble même que les auteurs du projet Bazin aient fait usage avec trop de réserve de la faculté qu'il y avait à resserrer la Durance par quelques piles transversales, et à créer en même temps un terrain qui aurait payé leurs frais et supporté leur canal.

Ou dans des coupures considérables:

Le canal se trouvait *jusqu'auprès de Peyrolles, partie dans des coupures considérables.*

Le terrain est en pente rapide et formé de rochers durs depuis Mirabeau jusques vers Logis-d'Anne, sur une longueur de 3,500 mètres; mais à partir de Logis-d'Anne jusques vers le vallon de Jouques, le coteau n'est plus formé que de mollasse facile à entamer; du reste le terrain escarpé des environs de Mirabeau est bien moins difficile que celui de Vitrolles, que celui du ravin de Trébillane au-dessus de Roquefavour, parce qu'à Mirabeau tout est solide, et que dans les coteaux que nous venons de signaler, on fonde sur une argile qui se délite chaque année; néanmoins tous les ingénieurs, et actuellement M. de Mont-Richer, n'ont pas hésité à longer des coteaux de cette dernière nature, même sur des étendues de plus de 4,000 mètres. Il n'est donc pas juste de citer le terrain de Mirabeau comme une des causes qui devraient faire rejeter le projet Bazin; on doit observer seulement si les évaluations du canal dans cette partie sont faites convenablement.

Ou dans des souterrains commandés par la localité.

Le canal se trouvait jusqu'auprès de Peyrolles, *partie dans des souterrains commandés par la localité.*

Nous avons démontré que le souterrain de St.-Paul était mal conçu; nous blâmons aussi ceux de Mirabeau et Cante-Perdrix. Ils présentent encore un inconvénient qui n'avait pas été signalé: placés trop près de la prise, lorsque les eaux sont encore trop chargées, et n'ayant qu'une pente de 44 centimètres par kilomètre, ils ne pouvaient manquer de s'envaser rapidement : de là des curages dispendieux et insalubres ; il fallait, ou suprimer ces souterrains, ou leur donner une inclinaison bien plus forte.

Maintenant reste à savoir si les trois percés de St.-Paul, de Mirabeau et de Cante-Perdrix sont commandés par la localité.

Ces souterrains ne sont pas exigés par la nature des lieux.

Nous l'avons déjà indiqué, il était aisé de prendre en flanc les rochers que l'on a voulu percer : il y aurait eu économie de pente et d'argent; car le développement n'eût été plus fort que de 1/10 en sus de la longueur des percés.

Quant au souterrain de St.-Paul, il y aurait bien plus d'avantage à le supprimer, et une facilité grande à obtenir un terrain de remblai sous St.-Paul avec trois courtes digues perpendiculaires à la rivière.

Ces souterrains n'étaient pas demandés par la nature des lieux; ils n'ont été projetés que parce que les auteurs du tracé ont poussé trop loin le systéme des percés.

3e QUESTION. Grands avantages de la prise de Saint-Paul.

3° *La prise de Cante-Perdrix aurait dû être préférée* pour faire éviter une partie des difficultés de St.-Paul à Cante-Perdrix. On aurait en effet 4,700 mèt. de longueur de Canal de moins; mais le niveau baissait de près de 9 mètres ; mais le percé de Venelles s'allongeait de 600 mètres; la profondeur des puits s'accroissait encore de 9 mètres: c'était encore 180 mètres à ajouter aux 600.

Vers Gardanne, surtout, l'inconvénient eût été grave : on aurait allongé de plus de 1,000 mètres les percés existans et fait subir de longs développemens à tout le tracé de Langesse à Septèmes.

La modification indiquée eut été une déplorable erreur ; il faut surtout féliciter les auteurs du projet Bazin d'avoir bien démontré les premiers l'avantage que l'ensemble du Canal gagnait à un relèvement de la prise au-dessus de Cante-Perdrix. C'est cette dernière prise qui entrava sans cesse Floquet et plus tard M. Garella, dans leurs études persévérantes : elle était à un niveau trop bas pour les plateaux de la vallée de l'Arc.

Nous venons de rappeler les avantages de la prise de St.-Paul sous le rapport de la facilité du tracé, et nous avons mis de côté tous ceux qui dérivent de la plus grande utilité du Canal rehaussé de 9 mèt. ; cependant ces avantages seuls auraient compensé de grands sacrifices.

4e QUESTION. Souterrain de Venelles.

4° *Le souterrain de Venelles, par sa longueur, présente des chances d'augmentation de dépenses et de retard dans l'exécution.*

Voilà une quatrième question.

Il y a des difficultés inhérentes aux souterrains et qui ne dépendent pas de la longueur. D'autres dérivent de la longueur elle-même.

Difficultés générales des souterrains.

Faire arriver de l'air ;

Enlever les eaux et les matériaux abattus ;

Dans les terrains tendres, prévenir les éboulemens ;

Dans les roches dures, diminuer les frais d'abattage.

Telles sont les conditions générales des travaux souterrains : il faut les remplir dans tous les cas. Les deux premières dépendent jusqu'à un certain point de la longueur.

Roulage intérieur.

Il faudrait en effet trop de temps et même de dépenses pour attendre que les chantiers, placés aux deux extrémités d'un souterrain, se fussent rencontrés ; il serait impossible d'ailleurs que l'air circulât aisément jusqu'au fond d'une galerie qui ne serait ouverte que d'un côté. Il faut avoir recours à des puits intermédiaires; dès que la longueur dépasse 400 mètres, sur environ 4 mètres de diamètre dans œuvre, il est reconnu nécessaire de procéder à l'ouverture de puits.

Le nombre de puits à ouvrir est proportionnel à la longueur totale du percement ; mais il est absolument faux de dire qu'un plus grand nombre de puits change la nature des difficultés : le genre des obstacles est le même pour 1,000 mètres que pour 20,000.

On doit seulement observer que le percement d'un puits, l'enlèvement des eaux et des matériaux qui doivent être extraits de cette excavation, deviennent plus chers lorsqu'elle est plus profonde. L'augmentation de la dépense avec la profondeur du puits peut s'élever haut si les eaux intérieures sont abondantes ; elle est très-faible si les eaux sont rares et qu'il s'agisse essentiellement de l'extraction des matériaux.

Ainsi, le nombre des puits à ouvrir est proportionné à la longueur du percé, et la difficulté qui se présente à chaque puits croît fortement avec la profondeur lorsque les eaux intérieures sont abondantes.

Les puits sont quelquefois bien plus profonds dans les longs percés; cela arrive dans les cas où l'on traverse une ligne de faîtes à pentes rapides; cela n'a pas lieu quand on traverse un plateau ; ainsi dans le percement de Venelles, la profondeur moyenne des puits serait de 70 mètres seulement.

Reste à savoir si les eaux intérieures sont abondantes.

Question des eaux dans le plateau de Venelles.

L'abondance des eaux dépend de trois élémens : de la configuration du sol, de la nature de la roche qui rend les infiltrations plus ou moins difficiles, et des accidens qu'a éprouvés cette roche.

Le plateau de Venelles a des flancs escarpés au nord et au sud. Des deux côtés, se montre la tranche des couches extérieures.

Nulle part on n'aperçoit, sur ses deux flancs, des sources abondantes. Il n'y a que le ravin des Penchinats du côté sud, et de l'autre celui de l'Espougnac; des eaux peu abondantes et toutes superficielles alimentent ces ravins, car les longues sécheresses les réduisent à peu près à rien.

Le haut du plateau offre, vers le milieu, une partie doucement rabaissée où se ramassent et s'écoulent les premières eaux de la Touloubre, en se dirigeant à l'ouest comme l'ensemble du plateau. Il y a là si peu d'eau, après que les terres se sont ressuyées, que l'on ne peut encore, vers la partie où la route royale coupe la Touloubre, obtenir d'elle aucun arrosage.

Ainsi que nous l'avons indiqué, le plateau est formé de couches tertiaires légèrement relevées vers les deux escarpemens.

Vers les platrières de la montée d'Avignon, au-dessus d'Aix, on voit très-bien un ensemble d'alternatives de bancs de marnes dures, de gypse et de calcaire plus ou moins marneux, qui s'enfoncent sous le plateau de Venelles. Sur l'autre escarpement, on reconnaît que les mêmes couches sont plus profondes; la partie la plus à découvert est formée de bancs de marnes rouges et calcaires d'eau douce surmontant les gypses. Les conclusions de la géologie sont confirmées par la nature des terrains que l'on peut observer dans le voisinage des puits où sont accumulés les débris des matériaux extraits par les Romains; ce sont des terres marneuses et des fragmens de calcaire marneux d'eau douce, comme on pouvait le prévoir.

Induction géologique.

Il n'y a donc pas là de couches perméables venant affleurer à la surface pour absorber les eaux pluviales; partout au contraire le terrain est entrelacé de bancs calcaires et de couches plus ou moins marneuses. Tout cet ensemble est *imperméable* ; l'intérieur d'une pareille formation ne peut être que sec ; les eaux qui auraient pu filtrer du haut sont arrêtées par ces bancs argileux. Les couches tranchées sur les deux versans, et notamment du côté de l'Arc, jusqu'à un niveau bien inférieur au projet de galerie, ne présentent dans les feuilles aucune nappe ou amas d'eau. Les nappes artésiennes sont faibles et ne se montrent qu'au niveau d'Aix, 45 mètres sous le percé, et dans la mollasse ou les couches de transport ancien de l'Arc.

Observation des puits sur le plateau.

Vers le haut du plateau, les maisons d'habitation puisent leurs eaux dans des puits profonds à peine de 10 à 20 mètres, et sur lesquels les eaux pluviales font sentir immédiatement leur eflet. Ce sont donc là des eaux purement superficielles : on cesse de les rencontrer dès qu'en pénétrant dans le terrain, on arrive à des couches plus compactes et moins dégradées par l'atmosphère.

Observation des eaux dans les plâtrières.

En effet, les platrières du plateau de Venelles sont exploitées, à la montée d'Avignon, jusqu'à 230 mètres au-dessus du niveau de la mer, et il n'y a pas d'eau ; or, l'axe (1) du percé devait commencer au niveau de 234 mètres 84 centimètres.

Remarque sur l'état de siccité de l'aqueduc Romain vers Peysse.

Quelques-uns des puits romains sont à sec, notamment le puits romain de la compagne Peysse qui a 72 mètres de profondeur, tandis que le puits moderne situé tout à côté de la maison de campagne, et qui n'a que 10 à 15 mètres de profondeur, fournit l'eau nécessaire au ménage. On conclut de là invinciblement que les eaux venues d'en haut n'ont aucun écoulement dans la galerie des Romains ; d'autre part, l'aqueduc romain ne donne, vers ses extrémités, aucune source assez abondante pour tenir ses issues déblayées ; donc les eaux qui le parcourent sont en petite quantité. En résumé, les eaux qui pourraient venir de la surface sont arrêtées par les marnes ; dans le fond il n'y a pas de grandes sources.

Toutes les observations amènent donc cette conclusion : LES EAUX SONT EN TRÈS-PETITE QUANTITÉ DANS L'INTÉRIEUR DU PLATEAU DE VENELLES AU NIVEAU OU DOIT ÊTRE OUVERT LE PERCÉ.

(1) L'axe est ici la hauteur moyenne entre la voûte et le plafond.

Un autre motif justifie encore cette conclusion. Les Romains étaient moins avancés que nous dans l'art des épuisemens souterrains ; comment auraient-ils creusé des puits et établi une galerie de 8 à 9 mille mètres, s'ils avaient rencontré des masses d'eau dans des puits de 85 mètres environ, comme celui de Cabassol ?

Induction tirée de l'imperfectic des épuisemens chez les Romain

On n'a donc pas à craindre, dans le percé projeté à Venelles, que l'abondance des eaux fasse naître des difficultés; c'est ici, de tous les obstacles, celui qui assurément arrêtera le moins.

On pourra donc sans crainte multiplier les puits et les chantiers et accélérer ainsi le travail.

Il n'y a plus qu'à examiner si la nature des bancs à traverser dans le souterrain opposera quelques obstacles particuliers.

Nous avons déjà annoncé qu'il n'y avait dans le terrain tertiaire formant la partie inférieure du plateau de Venelles, aucune couche vraiment dure à attaquer, ni granits, ni bazaltes : ce ne seront pas même des calcaires cristallins. Il n'y a pas non plus, dans cette région géologique de la Provence, des sables mouvans; il n'y a que des marnes consistantes, des calcaires feuilletés et marneux et des gypses. Vers le vallon des Penchinats, un poudingue plus moderne est adossé au terrain tertiaire du plateau. On n'a donc pas à craindre un terrain cher à abattre, ni trop difficile à soutenir.

La seule précaution exigée par les bancs de nature marneuse comme celle-ci est de ne pas travailler avec une section trop large et de revêtir les argiles d'une enveloppe qui les garantisse du contact de l'air.

Dans quel cas les éboulemen se manifesten à marne dure

En effet, lorsque l'air a agi pendant quelque temps sur la plupart des marnes, elles se délitent peu à peu ; la section s'élargit sans cesse, et enfin on arrive à de telles dimensions que la masse s'éboule. C'est pour n'avoir pas assez connu cette propriété des marnes, que les ingénieurs ont fini par avoir à lutter contre des décombres dans les souterrains de St.-Quentin, du Nivernais et du canal de Bourgogne. M. Lacordaire avouait franchement que, s'il avait à recommencer le souterrain de Pouilly, il dépenserait moins, parce qu'il creuserait d'abord en petite section les parties marneuses du terrain pour n'élargir qu'au moment où les revêtemens s'établiraient.

Galeries dans les marnes qui ont eu des éboulemen

Les marnes du plateau de Venelles tiennent si bien lorsque lès travaux ont peu de diamètre, que dans un puits incliné dont 16 mètres sont percés dans cette marne, aux exploitations de gypses de la montée d'Avignon, un simple revêtement bâti avec le plâtre du lieu suffit pour maintenir la plus complète solidité pendant plusieurs années : c'est là un fait que nous avons bien constaté. Dans le souterrain de Venelles, les marnes qui constitueront la majeure partie du percé seront donc un moyen de l'établir très-économiquement, si le souterrain a d'ailleurs un diamètre suffisamment rétréci. D'après les observations de M. l'ingénieur en chef des mines Gueymard, on pourrait être assuré que la galerie se maintiendrait sans revêtement pendant une année entière, si le diamètre ne dépassait pas 4 mètres; nous citerons encore les travaux souterrains faits en ce moment près de l'étang de Citis, établi dans une marne analogue par ses propriétés; ce souterrain est percé sur 4 mètres de diamètre; il est muraillé après le percement et aucun éboulement ne se manifeste dans l'intervalle du percement au muraillement.

Galeries qui en ont été exemptes.

Avantages du travail en petite section dans les marnes de Venelles.

Lorsqu'on peut se maintenir dans les conditions de largeur qui viennent d'être indiquées, les marnes sont très-avantageuses, le travail se fait avec bien plus d'économie et de célérité que dans les roches dures : l'extraction est aussi légèrement plus économique, parce qu'il y a un peu moins de densité que dans les calcaires. Dans les calcaires durs, le temps pour creuser les trous de mines est considérable; de là vient qu'il faut faire de grands pétards et employer le grand fleuret. Il importe donc grandement, pour l'économie, de travailler en grande section dans les souterrains de calcaire dur. Dans les marnes, le trou de mine est ordinairement très-aisé; on peut, sans accroître notablement la dépense, travailler en petite section. Ainsi la petite section en terrains marneux assure l'absence d'éboulemens sans que le mètre cube de déblai revienne beaucoup plus cher. Une section rétrécie dans un pareil terrain marneux serait avantageux de tous les points, tandis qu'une section large serait fâcheuse à cause des chances d'éboulement.

Calcaire feuilleté à Venelles.

Outre les marnes, le souterrain offrira, sur quelques points, des couches de calcaire feuilleté argileux. Les feuillets nombreux permettent d'aider avec le coin l'action de la poudre. Ordinairement, dans les exploitations de plâtre d'Aix, on détache ce calcaire sans le secours de la poudre, et de ses débris on forme des piliers; mais dans le chantier étroit d'une galerie pareille à celle projetée, on ne pourra se passer d'employer et le coin et la poudre. Il est clair toujours que le travail marchera bien plus rapidement que dans des calcaires en masse ou avec trous irréguliers. Dans une galerie à travers le calcaire marneux, la principale opération devra être d'établir un revêtement de quelques centimètres, pour empêcher tout délitement même dans l'intervalle d'un grand nombre d'années.

Gypse.

Dans la partie en couches de gypse, l'avancement sera aisé et rapide : un revêtement pareil au précédent sera nécessaire.

Poudingue.

Enfin vers l'extrémité sud du percement, on aura à traverser un poudingue dont les noyaux sont les débris roulés des montagnes calcaires voisines, réunies par un ciment argilo-sableux. Ce poudingue, un peu moins difficile à attaquer qu'un calcaire dur, homogène, a cependant encore assez de consistance; la galerie romaine percée en voûte à travers ce poudingue, vers St.-Eutrope, n'a pas éprouvé d'éboulemens depuis 1800 ans d'existence. On aura à attaquer ce poudingue sur quelques centaines de mètres dans la partie extrême du souterrain, à la hauteur du Pavillon de l'Enfant, dans le vallon des Penchinats.

Temps nécessaire pour l'achèvement du souterrain.

D'après ce qu'on peut présumer, la moitié des travaux sera en marnes dures, l'autre moitié en calcaires fissiles, plâtre et poudingue. En comparant cet ouvrage à ceux qui sont en cours d'exécution, on voit qu'il sera très-favorable à la rapidité de l'avancement; qu'il exigera seulement deux conditions : section étroite dépassant aussi peu que possible 4 mètres, et revêtement, tantôt en pleine maçonnerie dans les marnes, tantôt avec couche de ciment hydraulique dans le calcaire marneux et le plâtre. En admettant des puits de 400 en 400 mètres, il faudrait 10 mois pour faire les puits les plus profonds, et quatre années pour achever la galerie. Ainsi les calculs, fondés sur ce qui s'exécute actuellement dans la contrée, démontrent qu'avec 200 mineurs et autant de manœuvres, ce souterrain exigerait moins de cinq années. (1)

Il ne serait pas impossible même d'aller beaucoup plus vite, mais il faudrait

(1) Le nombre de 150 mineurs est celui strictement nécessaire pour exécuter le souterrain dans 5 ans; mais on peut admettre que le nombre de 200 mineurs serait plus que suffisant.

multiplier davantage les frais de percemens de puits et disposer de beaucoup plus de mineurs. Il y a des difficultés de surveillance et des pertes d'argent lorsqu'on veut brusquer les travaux ; nous avons dû ne pas sortir des conditions *actuelles* et *locales*.

Percés subdivisés comparés aux longs souterrains.

On a posé en principe que plusieurs petits percés étaient moins chers et bien plus faciles qu'un grand de même longeur que la somme des petits ; cela est vrai dans certaines limites ; mais en échange la *surveillance* est *bien plus difficile lorsque les percés sont séparés.*

Inconvéniens des percés morcelés.

Un directeur de souterrains qui aurait plusieurs percés éloignés de quelques lieues les uns des autres à faire exécuter, ne pourrait y suffire. Il faudrait donc multiplier les agens de direction dans les percés multipliés. Il y a aussi plus de frais d'appareil qui ne servent pas constamment.

Avantage de la division des percés.

D'autre part, l'avantage des percés subdivisés est d'économiser les puits et les frais qui s'y rattachent. Autant de parties de percés, autant de puits d'épargnés.

Ainsi le calcul de l'avantage peut être supporté et opposé aux frais de direction et de matériel plus grands.

Du reste, lorsque le terrain est favorable, il vaut mieux transporter tous les percemens sur ce terrain là. Il est encore un autre avantage à n'avoir à faire qu'à une seule nature de terrain ; on n'a qu'à vaincre des difficultés d'une espèce donnée, et on peut bien mieux arriver à une bonne solution que lorsqu'il faut varier les moyens d'attaque sur des terrains différens.

On peut donc conclure, qu'il est vrai de dire qu'il y a économie à partager un souterrain en parties naturellement isolées par des ravins qui permettent d'épargner les puits, mais que cet avantage n'est bien réel qu'autant que les petits percés sont presque juxta-posés et en terrain toujours aussi favorable ; que dans tout autre cas, on ne peut rien préciser d'avance.

On peut seulement énoncer, que le terrain de Venelles est plus favorable que celui de l'ensemble des montagnes de calcaire dur qui isolent la vallée de l'Arc au nord et au sud, mais toujours à cette condition que l'on se tienne dans les limites de largeur de galerie qui conviennent pour les marnes ; et il y a ici beaucoup moins à craindre de la part des eaux que si l'on se trouvait dans d'autres circonstances. On ne peut donc s'empêcher de regarder le projet de percé dont il s'agit comme une conception heureuse.

5e QUESTION.

Dans le percé de Venelles a-t-on observé les dimensions les plus convenables ? La direction était-elle la meilleure qu'on pût choisir ?

Nous sommes étonnés que cette partie du projet, à laquelle tient essentiellement la certitude du succès des percés, soit précisément celle qui n'a été nullement examinée par ceux qui ont critiqué le projet Bazin ; personne ne s'en est enquis.

La pente du percé a été portée à 70 *centimètres* par 1000 mètres, inclinaison plus que triple de celle des parties ordinaires du Canal. Un percé ne doit pas, autant que possible, exiger de curage. Il faut que la vitesse du courant soit assez considérable pour que les dépôts ne puissent s'accumuler dans son intérieur. Les eaux de la Durance sont toujours fort limoneuses ; elles déposent des limons dans tous leurs canaux ; on asure qu'au Canal de Craponne, roulant de 8 à 9 mètres cubes, les dépôts cessent à peu près à la pente de 1 millimètre par mètre. Dans le Canal Bazin, qui devait rouler 10 mètres cubes sur 2 mètres de hauteur, on se place dans une circonstance bien plus favorable encore, parce qu'ici la partie inclinée ayant été précédée d'un trajet de 28 kilomètres avec pente très faible, les dépôts les plus considérables se seront opérés déjà dans cette partie ; il y aurait donc moins encore de chances de dépôts dans le souterrain de Venelles : mais si l'on augmentait encore la pente, il n'y aurait qu'à gagner, et nous trouverions préférable l'inclinaison de 100 centimètres par 1,000 mètres.

Les dimensions du percé sont, avons-nous dit, la chose essentielle. Pour réduire les dimensions, on avait ici très-sagement supprimé les banquettes de parcours ; elles sont d'ailleurs, dans un canal de ce genre, faciles à remplacer par une petite barque. La partie la plus large de la section devait avoir, dans les parties dures, 3 mètres 84 cent. ; dans les parties tendres, avec revêtement de 50 cent., il fallait faire une excavation large de 4 mètres 84 cent. D'après la nature du terrain, on voit que cette largeur était un peu forte ; il aurait fallu des précautions contre les éboulemens.

La section assignée dans le projet Bazin est légèrement trop forte.

Ainsi il aurait fallu augmenter un peu la pente ; la section se serait alors rétrécie et l'on aurait obtenu deux améliorations du même coup.

On diminuait, il est vrai, l'un des avantages que les auteurs du projet Bazin cherchaient dans les percés, celui de relever notablement le niveau que les développemens auraient fait perdre, mais il ne faut rien exagérer.

La direction aurait dû être celle du canal Romain.

Quant à la direction dans laquelle le percé était engagé, elle était assez convenable avant la découverte de la ligne suivie par le canal des Romains ; mais depuis que nous avons reconnu cette ligne, il est clair qu'il faudra, autant que possible, se placer sur la même direction, profiter des grands puits existans et utiliser la galerie des Romains comme moyen d'aérage et d'épuisement. En mettant à profit cette heureuse circonstance, on voit de suite qu'aucune autre partie du département n'aurait offert des élémens aussi favorables pour un long percement : on se serait trouvé sous une galerie ; on aurait eu des puits dont le niveau n'aurait différé que de 18 à 30 mètres, (moyennant 24 mét.) de la profondeur du nouveau travail ; vu la hauteur de la galerie, les puits n'auraient dû être approfondis que d'une quantité moyenne de 20 mètres. C'était d'un trait rabaisser le plateau de 50 mètres.

Cette discussion a démontré :

Résumé de l'examen de la 1re partie du projet Bazin.

Que la première partie du projet Bazin offrait d'excellens élémens nouveaux dans le relèvement du niveau de la prise et le choix du passage de Venelles, où les circonstances sont très-favorables pour un percé.

Qu'il y a des difficultés de terrain entre Mirabeau et Cante-Perdrix, mais qu'il y a exagération à soutenir que ces difficultés s'étendent jusqu'auprès de Peyrolles ; que ces mêmes obstacles sont d'ailleurs moindres que ceux offerts par les cotaux sur lesquels tous les autres auteurs de projets n'ont pas hésité à asseoir leurs tracés ; qu'il n'y a pas d'inconvénient à établir une partie du Canal sur un encaissement fait aux dépens de la Durance, là où elle offre un lit de plus de 600 mét. de largeur.

Qu'enfin, on peut reprocher à ce projet de n'avoir pas mis à profit tous les élémens favorables de la localité, en établissant mal à propos des percés à St.-Paul, à Mirabeau, à Cante-Perdrix, et encore de n'avoir pas assez augmenté la pente du grand percé de Venelles, qui devra être d'ailleurs dirigé dans le voisinage de la ligne des Romains.

DEUXIÈME PARTIE DU PROJET BAZIN.

D'Aix à la Mure.

Exposé de la nature des terrains traversés par les travaux projetés pour cette entreprise.

Au sortir du percé de Venelles, par une tranchée de douze mètres de profondeur à travers les alluvions du vallon des Penchinats, et sur sa rive gauche, le Canal s'avançait en cotoyant des monticules de mollasse et de poudingue, et quelques barres des marnes du lias, jusques vers la partie inférieure de la vallée de Vauvenargues. Un pont-aqueduc traversait le ravin; le canal continuait à s'établir sur la mollasse jusques vers le Tholonet, où il atteignait le terrain tertiaire moyen, vers l'étage de la brèche du Tholonet et du calcaire de Vitrolles. Après avoir traversé la vallée du Tholonet sur un pont-aqueduc, au point où se montre le mur romain, le tracé continuait à s'étendre sur le contre-fort de Langesse et doublait ce contre-fort pour se développer en semblable terrain sur les deux flancs de la vallée du Bayon. Il parvenait ainsi au défilé de la Galante, traversé sur un pont-aqueduc de 56 mètres de hauteur : ce défilé n'a que 120 mètres de largeur jusqu'à 41 mètres au-dessus du lit de la rivière; sa partie supérieure seule exigeait une longueur de 300 mètres sur la faible hauteur moyenne de 10 mètres.

De la Galante au percé de Meyreuil.

Après la Galante, le canal continuait à marcher droit au sud pour s'étendre sur le plateau de Gardanne; dans ce trajet il cotoyait à *Val-Brillant* un petit escarpement de rochers de calcaire de Vitrolles, établi pendant environ 1,000 mètres sur les argiles qui supportent ces rochers.

Au lieu de gagner, par un détour à l'est, le point le plus bas du col de Meyreuil qui n'aurait exigé qu'une tranchée, il allait droit au hameau du plan de Meyreuil par un percé de près de 450 mètres à travers les marnes rouges, inférieures au calcaire de Vitrolles.

Plaines de Gardanne et de Simiane.

Le développement dans la plaine de Gardanne se fesait sans difficultés; le canal passait au-dessus du niveau de la ville, au sud, et venait ensuite, quittant le terrain tertiaire moyen, passer sur le grès vert, tout près des maisons de Simiane; il traversait la grande route sous l'auberge de la Malle avec cuvette creusée en pleine terre.

Percé du Pin.

De là, après une tranchée poussée jusqu'à 14 mètres de profondeur, le tracé entrait en souterrain près de la poste à travers les marnes jura-crétacé, sortait tout près de la naissance du vallon de St.-Antoine aux Cayols, et cotoyait les flancs escarpés des rochers calcaires jura-crétacé jusques au-delà de la fabrique Rougier, à Septèmes.

Après le souterrain du Pin, le canal avait jeté une dérivation destinée à arroser le plateau des Tourres et Séon-St.-Henri, près Marseille.

Trajet de Septèmes à la Mure.

De Septèmes, le canal se rendait directement dans le bassin de Marseille, en traversant par trois percés, dont le dernier celui de la Mure, toute la partie haute du massif de l'Étoile. Ainsi, depuis Septèmes, le Canal était presque constamment en flanc de rocher ou en percé dans le terrain jura-crétacé.

A la Mure commençait le développement dans le bassin de Marseille.

Longueur de la deuxième partie 49 kilomètres 295 mètres.

Pourquoi reporter à la Galante le pont-aqueduc que Floquet avait si heureusement établi à Langesse ?

Pourquoi au Pin un aussi long percé ?

Pourquoi ceux entre Septèmes et la Mure ?

Pensée dominante de la seconde partie du tracé Bazin

La pensée qui a dominé dans cette deuxième partie du tracé a été d'arriver, avec la moindre longueur, dans la partie la plus centrale et *à la plus grande hauteur possible* dans le bassin de Marseille. Le résultat devait être ainsi, non-seulement d'arroser la plus grande étendue du terrain de Marseille, mais encore de placer l'eau à une si grande hauteur, qu'elle pût atteindre le village d'Allauch et arroser une grande partie du territoire d'Aubagne et de Roquevaire. Pour arriver à ce but, dès qu'il a fallu choisir entre un percé présentant ces conditions de succès et un développement, le percé a été adopté. Voilà ce qui explique de prime abord, pourquoi on rencontre cinq percés depuis le passage de l'Arc jusqu'à l'entrée du bassin de Marseille. Les auteurs du projet Bazin préfèrent les percés aux développemens, toutes les fois que ceux-ci sont plus coûteux; mais jusqu'à quelles limites les percés font-ils économiser la pente et les frais ? Voilà ce qu'on ne peut décider d'une manière absolue. Quelques considérations peuvent guider dans le choix à faire.

Avantage des souterrains.

1° Moins de terrain à acheter et moins d'affaires litigieuses à poursuivre; point d'ouvrages d'art pour franchir les ravins et les escarpemens.

2° Diminution des frais d'entretien.

3° Maintien du tracé à un plus haut niveau et absence d'évaporations et filtrations.

A ces avantages correspondent des inconvéniens.

Inconvéniens des souterrains.

1° En comparant les frais des longues lignes de percement avec des développemens en terrain ordinaire, parfois coupés de ravins et avec des escarpemens, on voit que les percés sont, à longueurs égales, au moins trois fois plus chers à établir que les développemens : quelquefois le percé coûte quatre fois plus.

2° Si les réparations sont moins fréquentes, elles sont plus difficiles et plus chères.

3° L'art des percemens étant moins connu que celui des travaux à ciel-ouvert, il est plus difficile de trouver des entrepreneurs à forfait.

4° Les curages étant difficiles dans les percés, il faut les éviter en donnant plus de vitesse et de force d'entraînement aux eaux, ce qui exige une perte de niveau. Ainsi, dans le cas où l'on adopterait pour les percés 1 millimètre de pente par mètre, soit 100 centimètres par kilomètre, tandis qu'on ne donnerait en développement à ciel-ouvert que 22 centimètres par kilomètre, une longueur donnée en percé absorberait autant de pente que quatre fois et demi la même longueur en développement.

5° Le canal est plus difficile à élargir en souterrain voûté, et l'eau n'est pas tenue constamment auprès des terrains qu'elle doit arroser ; les prises sont plus difficiles.

Résultat du parallèle des percés et des développemens.

On peut conclure de ces considérations que, généralement, pour un canal d'irrigation chargé d'eaux troubles, il est très-rare qu'il faille préférer un percé à un développement, lorsque le percé dépasse le tiers de la longueur du développement, et que très-souvent même un développement de longueur quadruple peut êtreplus avantageux qu'un souterrain ; mais aussi, lorsque ce percé épargne un développement plus que quadruple, il est rare qu'il ne faille pas préférer le souterrain.

Percé du Pin critiqué.

Le percé du Pin, avec une tranchée poussée à 16 mètres de profondeur, aurait pû être réduit de 400 à 500 mètres, si l'on était avancé à l'ouest vers le Plan de Campagne, au point que nous appelons col de Septèmes. On aurait allongé un peu la tranchée du projet, et l'allongement du tracé eût été insignifiant; nous ne pouvons donc approuver le percé de 1,000 mètres du Pin, qui exigeait plus forte dépense avec perte de niveau.

Inconvéniens des percés entre Septèmes et la Mure.

Quant aux trois percés de Septèmes à la Mure, leur longueur ensemble serait toujours au moins de 1,600 mètres; l'un d'eux, celui de la Mure, avait une pente de 2 millimètres par mètre, neuf fois plus grande que la même longueur à ciel-ouvert. On avait ainsi diminué, il est vrai, très-fortement la section; mais en rocher dur l'avantage de la diminution de section décroît beaucoup, parce que l'abattage devient très-rapidement plus cher et plus difficile. C'est ainsi que nous voyons, en rocher calcaire dur, le mètre cube de déblai se payer jusqu'à 50 fr. en section de 75 centimètres de largeur, tandis que sur 5 à 6 mètres de largeur, on peut obtenir le déblai du mètre cube à 12 fr.

Il faut ajouter à tous ces inconvéniens des percés entre Septèmes et la Mure, celui d'amener le Canal dans un terrain qui est fréquemment flanqué de rochers, et d'exiger une dérivation partant des Cayols pour aller à Séon-St.-Henri, par les Tourres.

Si l'on eût jeté le Canal dans le vallon de St.-Antoine, toutes les eaux destinées à la ville de Marseille et de Séon-St.-Henri auraient donné des chutes pour usines à côté de la grande route, et les eaux restantes, en fesant 2,000 mètres de développement de plus, seraient arrivées à la Mure à moins de frais.

On voit donc que l'ensemble des percés de la deuxième partie du Canal Bazin présente des inconvéniens que l'on eût évités facilement. On peut dire ici que, par le système des percés poussés trop loin, on n'a pas mis à profit tous les avantages que le niveau et les circonstances locales pouvaient offrir.

Vient la question du pont-aqueduc.

Pont-aqueduc de la Galante.

Les motifs qui militaient en faveur de la position de la Galante comparée à celle de Langesse sont :

Avantages du défilé de la Galante.

1° Elévation du pont-aqueduc au-dessus des eaux de l'Arc moindre d'environ 7 mètres; la hauteur du pont, maximum, n'était ici que de 56 mètres; elle eût été au moins de 63 mètres à Langesse.

2° Facilité de conduire une dérivation de la Galante jusques dans la partie haute de la vallée de l'Arc vers Rousset, rive droite de la vallée.

3° Le Canal arrosait directement la vallée du Bayon et le développement du tracé y était sans difficultés.

En faveur de Langesse voici les avantages :

Avantages du défilé de Langesse.

1° Economie dans la construction du pont-aqueduc, quoique la hauteur *maximum* soit plus forte ici de 7 mètres. Cet avantage est dû essentiellement à la différence de largeur des deux gorges à franchir, différence telle que, si on les compare à un même niveau (195 mètres au-dessus de la mer), on trouve que Langesse n'a que 110 mètres, tandis que la Galante a 165 mètres de largeur; et que si on pousse la comparaison jusqu'à 218 mètres au-dessus de la mer, (niveau du projet Bazin), la section du défilé de Langesse n'est que de 4,770 mètres carrés, celle de la Galante en offrant encore 4,980. Or, la dépense d'un pont-aqueduc augmente proportionnellement à la surface à couvrir d'arcades, lorsque les hauteurs et par suite les épaisseurs sont peu différentes pour la majeure partie de l'ouvrage d'art : ainsi le pont-aqueduc serait moins cher à Langesse.

2° Le passage à Langesse entraîne suppression du développement dans la vallée du Bayon ; économie de 5,000 mètres environ de tracé.

3° Relèvement du niveau du Canal d'environ 1 mètre.

4° La dérivation qui pouvait être établie sur le flanc gauche de la vallée de l'Arc, après le pont-aqueduc, pourrait remonter à un niveau plus élevé dans la vallée et arroser plus de terrains. Ces avantages sont tellement décisifs, que l'on est surpris de les voir négligés dans un projet conçu dans le but d'éviter les développemens et de rehausser le niveau.

Le système de maçonnerie projeté pour établir l'aqueduc est composé d'arceaux étroits et de pieds droits d'épaisseur trop grande; il y aurait à modifier.

Mais la partie vraiment heureuse dans cette partie du tracé est le développement sur le plateau de Gardanne et Simiane jusques vers la route royale d'Aix à Marseille, tandis que le projet Floquet-Garella, placé au-dessous du niveau général du plateau, étaient forcés de suivre toutes les sinuosités des ravins et des collines. La seule partie à ciel-ouvert du projet Bazin qui fut dans une circonstance très-favorable, était celle de Val-Brillant; cette partie, d'environ 1,000 mètres de longueur, était plus fâcheuse en réalité que les flancs de rochers de Cante-Perdrix où l'on avait une base solide. On aurait dû, à Val-Brillant, faire un remblai de rochers pour maintenir la rive gauche du Canal.

Résumé de l'examen de la 2e partie du projet Bazin.

La deuxième partie du tracé Bazin offre, dans les percés et le choix du défilé pour le pont-aqueduc, matière à plusieurs justes critiques ; les obstacles ont été plutôt exagérés que diminués et les avantages n'ont pas toujours été mis à profit, excepté néanmoins dans le tracé de Gardanne à la Malle.

TROISIÈME PARTIE DU PROJET BAZIN.

De la Mure (entrée du bassin de Marseille) *à la mer.*

Tracé Bazin dans le terroir de Marseille.

M. Bazin maintient son tracé au-dessus du développement Floquet-Garella jusques aux Camoins, où les deux lignes se confondent. Il a grand soin aussi de suivre le plateau resté entre Jarret et l'Huveaune par St.-Julien : c'est la seconde dérivation sur Marseille, après celle partie de la Mure et outre la dérivation jetée vers Séon-St.-Henri. Enfin une autre dérivation devait s'étendre à l'est en remontant l'Huveaune jusques auprès de Roquevaire. Comme dans le projet Garella, des chutes pour usines étaient bien placées entre les Camoins et l'Huveaune; le bourg d'Allauch, qui manque totalement d'eau fluente, recevait le Canal Bazin au niveau de ses plus basses maisons, tandis que le projet Floquet ne pouvait y atteindre.

L'ensemble du tracé dans le bassin de Marseille était établi sur le calcaire d'eau douce et la terre végétale, partout où il se tenait sur les restes du plateau que nous avons signalé dans la vallée de l'Huveaune; en quelques parties, le calcaire jura-crétacé était entamé. La partie la plus difficile du développement était entre la Bourdonnière et Allauch ; il fallait en ce point suivre un escarpement de calcaire dur.

On ne pouvait éviter ce passage qu'en se rabaissant à la ligne Floquet-Garella et renonçant à arriver aux basses maisons d'Allauch ; mais cet inconvénient pouvait se racheter par des chutes pour usines très-avantageusement situées près la Bourdonnière, sur la nouvelle route royale de Draguignan à Marseille, en passant par les mines de charbon.

Dans tous les cas, il était essentiel d'arroser d'eaux limoneuses la plage de

Mont redon. Le projet Bazin y avait pourvu, tandis que le projet Floquet-Garella négligeait cet avantage.

Le *résumé général* de l'examen qui précède amène ces conclusions.

Résumé généra de l'examen du tracé Bazin.

Le grand percé et la prise à St.-Paul étaient des points heureusement choisis pour l'exécution du canal ; ils facilitaient grandement le tracé dans toute la partie comprise entre Aix et Marseille.

Les parties difficiles n'avaient rien de plus fâcheux que ce qui a été admis dans tous les autres projets. Dans les petits percés, dans le choix du pont-aqueduc de la Galante et quelques autres combinaisons, le tracé Bazin n'a pas mis à profit les ressources que lui offrait la localité pour relever encore le niveau, éviter les obstacles, diminuer les dépenses et surtout augmenter encore l'utilité du canal.

Dépenses.

Trop souvent les devis de grands projets se trouvent au-dessous de la réalité ; le désir de voir réaliser une conception fait omettre les détails des dépenses. Les auteurs du projet Bazin se sont attachés scrupuleusement à se mettre, sous ce rapport, à l'abri de toute illusion. Dans leur premier devis ils portèrent, en circonstances pareilles, des prix bien supérieurs à ceux indiqués par M. Garella, pour l'extraction du mètre cube de déblai des diverses natures de terrain ; plus tard, lorqu'ils firent une réduction à leur section pour n'amener que 10 mèt. cubes d'eau, ils firent une nouvelle évaluation en se basant sur des prix encore supérieurs aux premiers.

Pour la maçonnerie dans les grands ouvrages d'art, ils établirent aussi un prix notablement plus élevé que M. Garella ; mais c'est surtout dans l'évaluation des percés qu'ils ont cherché à se mettre à l'abri de toute erreur. Le tableau des évaluations comparées pourra en convaincre.

TABLEAU des prix du mètre cube servant de base aux évaluations du coût du Canal.

	NATURE DU TRAVAIL.	M. GARELLA	M. de MONT-RICHER.	M. BAZIN première évaluation.	MM. DE VILLENEUVE ET GENDARME		
					Grande Section.	Moyenne Section.	Petite Section.
		f. c.	f. c.	f. c.	f. c.	f. c.	f. c.
En souterrain.	Maçonnerie de revêtem[t].	12.35	16.	16.39	17.	17.	17.
	Calcaire demi dur, déblai et sortie (1).........	4.90	de 7.24 à 11.50	9.47	13.50	14.	20.
	Calcaire dur.... *id*.....				14.	15.50	
	Dolomie....... *id*.....				14.50	17.	
	Marnes dures... *id*.....	—	—	6.47	5.	6.	7.
Ciel-ouvert.	Terre dure ou argile tendre...............	—	73	73	1.	—	—
	Argile dure de tranchées.	1.35	1.74	2.09	2.09	—	—
		mèt. courant.	mèt. courant.	mèt. courant.			mèt. courant
	Puits (section des déblais)	—	52.	120.	120.		60.

On verra bientôt que nos évaluations s'accordent assez bien avec les estimations adoptées par les auteurs du projet Bazin dans leurs dernières productions.

On reconnaît, en examinant le tableau, qu'à circonstances égales pour déblai des souterrains, nos évaluations sont triples de celles de M. Garella, et supérieures à celles de M. Mont-Richer de 26 à 90 pour cent.

Pour revêtement de souterrains, les dernières évaluations l'emportent de 40 p. 0/0 sur celles Garella, et de 6 p. 0/0 sur celles Mont-Richer.

Pour déblai à ciel-ouvert, les prix sont supérieurs à ceux de M. de Mont-Richer de 20 à 40 p. 0/0. La différence avec M. Garella est plus grande encore.

Les derniers prix sont d'ailleurs parfaitement en harmonie avec ceux des travaux que l'on exécute dans le pays. Ainsi, le puits creusé à Fuveau a coûté de 100 à 150 f. le mètre cour. avec une section de 12 m. 56 c. cubes de déblai par mètre cour., à la profondeur de 116 mètres. Le creusement s'opérait dans un calcaire d'eau douce et à l'aide du grand fleuret. Le prix de revient est 12 f. 26 c. le mètre cube, compris abattage et sortie au jour. En rocher dur pour les galeries, les ouvriers demandent de 10 à 11 f. d'abattage par mètre cube ; restent les frais de sortie qui s'élèvent au plus à 5 f. 50 c. le mètre cube ; ainsi, en fixant la dépense totale à 15 f. 50 c., on n'est pas au-dessous de la vérité. Nous avons fixé les

(1) Les prix de sortie sont calculés dans l'hypothèse où les matériaux ont à parcourir une galerie de 100 mèt. et à monter au puits de 50 à 70 mètres.

autres chiffres avec la même rigueur. Pour l'abattage et l'extraction des marnes dures, les élémens ont été pris dans la partie argileuse de la grande galerie de M. de Castellane de 1,000 mètres de longueur, creusée de 1830 à 1835, et aussi dans la galerie de Citis de 800 mètres de longueur, actuellement en exécution. Les prix à forfait de l'abattage et de l'extraction au jour de cette marne, ont été portés à 50 p. 0/0 en sus de ce qu'ils coûtent réellement. C'est ainsi qu'a été vérifié le prix de 6 fr. pour l'extraction au jour et l'abattage des marnes du percé de Venelles.

Application de nos prix au percé de Venelles.

Le percé que nous venons de désigner dans le projet Bazin a une section, dans œuvre, de 13 mètres 75 c. carrés en calcaire dur; à 15 f. 50 c. le mètre cube, le mètre courant coûterait 212 f. 07 c.

En marne dure il y aurait, autour de la section, un revêtement de 50 c. On aurait, par mètre courant, 19 m. 36 c. cubes déblais de marne, 5 m. 61 c. cubes en maçonnerie, soit 211 f. 53 c. de dépense par mètre courant : en le portant à 215 f. on est au-dessus de l'évaluation exigée par la matière la plus défavorable que rencontre le percement.

Les frais d'abattage et d'extraction de déblais, avec murs de revêtement dans les parties en marne dure, peuvent donc, pour les 8,770 mètres de percé, se fixer ainsi qu'il suit :

8,770 mètres à 215 f. le mètre courant.................... F.	1,885,550
Epuisement, par an 50,000 f., pendant 5 ans............	250,000
Perte sur les constructions autour des vingt puits et sur les machines d'épuisement..	100,000
	F. 2,235,550

Même application aux autres percés Bazin.

Pour les autres percés, la pente moyenne est de plus de 100 centimètres par kilomètre. La section moyenne de 13 mètres carrés en roc dur, à 15 f. le mètre cube, donne pour frais du mètre cour. 195 f.; les percés de Meyreuil et du Pin devraient être muraillés; pour ceux-là le mètre courant, murs compris, reviendrait à 205 f. Il y aurait 2,000 mètres à 205 f., 2,700 mètres à 195 f. (en passant même au prix du roc dur le tuf de St.-

Report..... F. 2,235,550

Paul); on voit donc qu'à 200 f. le mètre courant, on est au-dessus de la moyenne dépense réelle. D'après cela on trouve pour 4,733 mètres percés à 200 f. le mètre courant..................... 946,600

Les épuisemens ne seront nécessaires qu'à Meyreuil et au Pin, sur environ 1,450 mètres en tout : ce sera moins du quart de la longueur de Venelles. On peut donc établir :

Epuisemens 60,000 }
Constructions perdues 50,000 } 110,000................ 110,000

2,900 mètres regards du percé de Venelles à 120 f.
450 métres regards des autres percés, moitié à 60 f., moitié à 120 f. le mètre courant. } 388,500

Boisages provisoires pour 3,200 mètres courans de regards à 10 f. le mètre courant, ci.................................. 32,000

(Les 150 autres mètres courans de regards n'exigeant nul boisage.)

Dernière [é]valuation Bazin.

Total de notre évaluation.... F. 3,712,650

Or, l'évaluation Bazin du 5 janvier 1837 porte, pour tous les percés, 3,777,140 f. et il y a excès de la part des auteurs de ce projet, sur l'application de nos prix, de 64,490

Ensuite on ne voit pas pourquoi, après une estimation faite avec tant de sévérité, les auteurs du projet Bazin sont allés au-delà de toute prévision, en portant une réserve de 1,000,000, spécialement affectée au percé de Venelles. C'était une précaution inusitée qui a fait naître des doutes sur les chances du succès de leur percé. La trop grande prudence a altéré la confiance qu'elle devait faire naître! Depuis que l'on a acquis la certitude qu'il n'y avait point d'eau au fond de la galerie romaine, supérieure seulement de 22 mètres à la galerie Bazin, cette réserve énorme et le forage des puits d'essai sont choses inutiles.

On trouve enfin dans les évaluations Bazin :

Pont-aqueduc de la Galante.............. F. 500,000 }
Autres ouvrages d'art..................... 927,000 } 1,427,000

F. 5,204,140

Report.... F.	5,204,140
Terrassement et murs de soutenement de 73 kilomètres, dont 12 kilomètres en tranchée pour la ligne principale..........	3,800,000
Indemnité de terrain, 150 hectares....................	700,000
Canal dans le bassin de Marseille......................	1,411,200
TOTAL... F.	11,115,340
Avec la réserve ordinaire pour direction de régie ou pour bénéfice d'entrepreneur, 10 p. 0/0.........................	1,111,534
On arrive au chiffre de.............................. F.	12,226,874

Total de l'évaluation Bazin.

Compensations dans les évaluations du projet Bazin.

Parmi les ouvrages d'art, le pont-aqueduc de la Galante a été porté trop haut au moins de 100,000 fr., parce qu'on a, sans nécessité, rapproché les arcades et diminué leur portée. On peut de suite se faire une idée de cette sur-évaluation, lorsqu'on sait que le pont-aqueduc de Roquefavour, ayant 55 mètres, (hauteur maximum) 350 mètres de developpement, et couvrant une section de 15,600 mètres carrés au moins, n'a été porté qu'à 500,000 fr. par M. de Mont-Richer, tandis qu'avec 56 mètres de hauteur, le pont-aqueduc de la Galante, qui n'a qu'une longueur de 300 mètres en couronnement, et qui doit couvrir 4,900 mètres carrés (moins du tiers de la section à Roquefavour), est porté au même prix.

Mais d'autre part, nous trouvons que chez M. Bazin, les indemnités de terrain dans la ligne principale, ainsi que le prix des terres dans le bassin de Marseille, sont portés à des prix trop bas et absorbent les 164,490 fr. de plus-value que nous trouvons dans les ouvrages d'art et les percés.

En résumé, l'évaluation des prix du canal Bazin nous paraît consciencieusement établie ; et s'il y a quelques erreurs, elles se compensent sensiblement. Néanmoins nous avons jugé ce projet avec des prix fortement supérieurs à ceux adoptés par les autres ingénieurs.

CHAPITRE V.

Modifications proposées au projet Bazin.

L'examen critique du projet Bazin fait pressentir toutes les modifications qui nous paraissent devoir être introduites dans ce tracé.

Comment augmenter l'utilité du projet Bazin ? Comment faire disparaître une partie des difficultés que son tracé présente encore ?

Prise à Cadarache.

L'utilité du Canal s'accroît avec la hauteur de son niveau. La plus haute prise dans la Durance se rattachera au meilleur projet de Canal. La plus haute prise possible dans la Durance est au confluent du Verdon, à Cadarache; plus haut il faudrait, ou se contenter du Verdon, qui est insuffisant, ou faire passer à travers le Verdon une dérivation de la Durance, ce qui serait par trop cher. Avec la prise à Cadarache on relève le niveau de l'ensemble du canal Bazin de 12 mètres 40 c. Il est vrai que la prise est plus haute que celle de St.-Paul de 13 mètres 50 centimètres, mais le Canal ne joint la position de l'ancienne prise qu'après 5,000 mètres de développement qui absorbent 1 mètre 10 c. d'inclinaison.

A cette première modification se rattachent les suivantes :

Augmenter la profondeur du Canal pour diminuer sa largeur; dans le projet modifié, la hauteur des eaux à l'étiage sera de 2 mètres 60 c.

Supprimer tous les percés situés entre la prise et le plateau de Venelles.

Réduire jusqu'à Venelles toutes les pentes, même celles des tranchées, à 22 centimètres par 1,000 mètres, afin d'augmenter encore la hauteur du niveau à l'entrée du souterrain.

Passer derrière Meyrargues et traverser la route et le torrent par *un même pont-aqueduc*.

A l'Espougnac, prolonger la tranchée jusqu'à 16 mètres de profondeur (à ce terme, le prix de la tranchée égale le prix du percé); avoir soin d'ailleurs d'augmenter progressivement la pente de la tranchée jusqu'à ce qu'elle atteigne le chiffre de la pente du percé.

Augmenter la pente du percé de Venelles et la porter à 100 centimètres par kilomètre.

Prolonger la tranchée après le pereé de Venelles, de manière à cesser le percé lorsque cette tranchée a 16 mètres de profondeur.

Dans l'intérieur du percé, quand on sera dans le poudingue ou dans le calcaire demi-dur, la pente sera réduite à 70 centimètres par kilomètre.

Dans la direction du percé, se rapprocher autant que possible de celle du canal romain, de manière que les mêmes puits fassent le service du nouveau percement.

Le pont-aqueduc sur l'Arc sera établi à Langesse, avec pente de 200 centimètres par kilomètre.

Le développement dans la vallée du Bayon supprimé : à partir de Langesse, le Canal se dirigera immédiatement vers la ferme du château de Meyreuil ; deux tranchées remplaceront l'ancien percé.

Après le développement près Gardanne, passer à la hauteur des plus basses maisons de Simiane et franchir le col de Septèmes par deux tranchées ; la plus importante aura 7 mètres de profondeur maximum.

Suppression de tous les percés de Septèmes à la Mure ; après le col de Septèmes, suivre le vallon de St.-Antoine jusques vers Notre-Dame : établir de Septèmes à ce point plusieurs chutes pour rabaisser le niveau du Canal de 225 mètres à 190 mètres.

Jeter une dérivation sur Marseille et une autre sur Séon-St.-Henri. Diriger la masse d'eau restante autour du bassin de Marseille, en établissant des chutes près la Bourdonnière, et d'autres chutes aux Camoïns.

Autres chutes près la grande route d'Aix fournies par la dérivation sur Marseille et par celle sur Séon-St.-Henri.

Conséquences de ces modifications sur la longueur du tracé.

Sur la ligne principale de Caderache à Notre-Dame (entrée dans le bassin de Marseille) le développement total n'est plus que de 81 kilomètres 353 mètres; ainsi, avec une prise plus éloignée de 5,000 mètres, il y a diminution de trajet de 5 kilomètres relativement au tracé Bazin primitif. La suppression du circuit de la vallée du Bayon, et le trajet de Septèmes à Notre-Dame ont amené ce résultat important.

Sur les percés de Langesse à Septèmes.

Le relèvement du niveau de 12 mètres 40 centimètres dans la partie supérieure du Canal donne précisément la hauteur nécessaire pour franchir les cols de Meyreuil et de Septèmes.

Ce niveau permet même d'aller directement de Langesse, par la campagne Arbaud (voir Cassini), vers le col de Meyreuil, en passant par le point culminant du vieux château de Meyreuil, en tranchée de 19 mètres de profondeur maximum : cette tranchée est dans l'argile et les marnes de Vitrolles.

Inutilité d'un plus haut niveau pour le tracé sur le plateau de Gardanne.

Un plus grand relèvement rendrait le tracé sur le plateau de Gardanne très-épineux; on serait forcé d'aller cotoyer les contre-forts de la chaîne de l'Etoile et d'augmenter ainsi, sans notables avantages, les inconvéniens et les dépenses de l'exécution.

Un niveau plus élevé rendrait non-seulement plus difficile le passage du Tholonet, mais accroîtrait surtout, en progression rapide, les dépenses du pont-aqueduc de Langesse ; et il a déjà 300 mètres de longueur à son couronnement, et 74 mètres de hauteur maximum avec notre niveau actuel. Ainsi notre nouvelle prise donne au Canal la hautenr la plus convenable pour le plateau de la vallée de l'Arc; si on s'était élevé davantage, il aurait fallu revenir par des chutes, au sortir du percé, à la hauteur la plus facile à soutenir. La topographie générale de la contrée rendait cette conséquence aisée à tirer.

Conséquences de la prise de Cadarache sur les percés placés entre Aix et la Durance.

Il est facile d'expliquer comment ce changement de hauteur a facilité la suppression des souterrains avant Venelles.

Le percé de St.-Paul traversait une plaine de tuf dont le plus haut niveau avait 20 mètres au-dessus du plafond de l'ancien tracé; il est clair qu'en élevant le canal de 12 mètres 40 centimètres, il suffit d'une tranchée de 7 mètres 60 centimètres de profondeur maximum dans le tuf, pour franchir cette plaine sans aucune difficulté.

A Mirabeau, le nouveau tracé se trouve précisément à la hauteur de la route; celle-ci sera déplacée de toute la partie dont le canal empiéterait sur elle. Le canal remonte ensuite au-dessus du niveau de la route et franchit, en flancs de rochers, le passage de Cante-Perdrix. Un passage à mi-coteau en rocher, pendant 4,000 mètres: voilà à quoi se réduisent tous les souterrains, toutes les difficultés que l'on signalait jusques auprès de Peyrolles.

Une hauteur de 9 centimètres est réservée pour franchir avec moindre section les 1,000 mètres qui forment la partie la plus pénible de ce trajet.

Changemens dans le percé de Venelles.

Reste le percé de Venelles; ici le résultat immédiat du relèvement de 12 mètres 90 centimètres, obtenu à l'aide de toutes les modifications opérées avant l'entrée du souterrain, combiné avec la profondeur de 16 mètres réservée pour la tranchée avant et après le souterrain, donne une diminution de 1,000 mètres dans l'ensemble de la longueur de ce souterrain; si l'on suivait la ligne iudiquée pour l'ancien tracé, le nouveau souterrain n'aurait plus que 7,770 mètres.

Mais il conviendra de se tenir rapproché de l'aqueduc romain, en fesant comme lui une inflexion à l'ouest vers Peysse. Une galerie de jonction achèvera de mettre en communication le puits Peysse avec notre souterrain.

A raison de cette inflexion, nous devons assigner au nouveau souterrain une longueur totale de 8,000 mètres.

Voilà l'ensemble de tous les souterrains du projet réduit à 8,000 mètres de longueur *et dans un terrain présentant toutes les circonstances les plus favorables*. A l'entrée du souterrain à Terre-Longue, la différence de niveau avec le canal romain sera de 17 mètres; à la sortie vers Galici, de 7 mètres. La hauteur de la galerie de notre Canal étant toujours de plus de 4 mètres, la différence de hauteur entre notre voûte et le plafond du canal romain, sera à Terre-Longue moins de 13 mètres, et à la sortie vers Galici, moins de 3 mètres: la différence moyenne sera de moins de 8 mètres: ce sera précisément la quantité dont il faudra moyennement approfondir les puits romains pour arriver à notre percé. Quelle facilité pour l'aérage, pour l'enlèvement des eaux qui pourraient affluer en petite quantité par les puits! La galerie romaine nettoyée, les plus minutieuses circonstances de la position des bancs et de leurs variations de nature seront connues, et le moyen d'attaque de chaque partie deviendra aisé à fixer d'avance.

Pour le percé de Venelles combiné avec la ligne qui le précède, il n'y aurait pas avantage à relever le niveau de la prise au-dessus de Cadarache.

Y aurait-il avantage à relever encore le niveau et à atteindre complétement celui du travail des Romains? Le travail du percement serait encore plus simple; il suffirait d'augmenter les dimensions du canal existant: aucune espèce d'épuisement d'eau ni de foncement de puits; enfin le déblai serait plus facile!

On abrégerait le percé d'une faible quantité, parce que les deux tranchées actuelles finissent là où la galerie romaine commence.

L'ensemble de l'économie ne dépasserait pas 425,000 f. ; et pour obtenir cet avantage, on aurait double prise, dont une sur le Verdon (*a*) avec un ensemble de développement en amont de Cadarache qui n'irait pas à moins de 20,000 mètres, et toute la ligne de Mirabeau à l'Espougnac deviendrait plus longue et plus difficile. L'ensemble des nouveaux frais serait au moins de 1,000,000 ; il y aurait donc bien plus de dépense à adopter ce système.

L'avantage pour Marseille et Gardanne serait nul, puisque la meilleure ligne de Marseille à Aix est invariablement fixée de hauteur et même de position. On ne recueillerait qu'un seul bénéfice pour cet excès de frais ; les chutes pour usines au-dessus d'Aix seraient augmentées de la hauteur de six mètres et l'arrosage du territoire relevé à ce niveau ; mais déjà, une irrigation qui embrassera à l'ouest tous les coteaux jusqu'au niveau d'Eguilles, et à l'est toutes les pentes au-dessous du plateau de la colline des *Paourés* est assez développée.

Ainsi, pour l'ensemble du percé de Venelles et de la ligne qui le précède, l'utilité et l'économie commandent l'adoption de la prise de Cadarache. Nous avons vu déjà que la hauteur de cette prise convenait éminemment au tracé du Canal entre Aix et Marseille.

La prise de Cadarache est la meilleure de toutes celles que nous connaissons.

Dans notre conviction, il n'est donc pas possible d'en choisir une meilleure pour toutes les parties du Canal. Les modifications qu'avec cette prise nous introduisons dans la hauteur des principaux points du tracé Bazin sont indiquées dans le tableau suivant.

(*a*) L'autre prise serait sur la Durance dont les eaux amenées dans le Verdon, et retenues par un barrage, serviraient à l'alimentation du Canal.

TABLEAU des Changemens et modifications de la pente du Canal.

PENTES GAGNÉES.	quantité.	PENTES PERDUES.	quantité.	*Hauteur totale au-dessus du niveau de la mer du Canal modifié.*
	m		m	m
Relèvement de la prise de Cadarache au-dessus de celle qui avait été projetée à St.-Paul...	13.500	Pour les 5000 mèt. de Canal à établir entre la prise de Cadarache et celle de Saint-Paul....................	1.100	A la prise de Cadarache..............250.523
En réduisant à la pente ordinaire, les tranchées ou souterrains que le projet Bazin établissait avec pente doublée entre la prise et le percé de Venelles, et réservant toujours 9 cent. pour les appliquer aux déblais en rocher de Cante-Perdrix (tous les souterrains de cette partie étant supprimés).................	0.860	Approfondissement du plafond du Canal, la hauteur d'eau à l'étiage étant portée de 2 mètres (ancien projet) à 2 m. 60 c. dans le projet modifié..........................	0.600	
Raccourcissement du percé de Venelles de 500 m. *l'entrée à l'Espougnac reculée vers Terre-Longue.* La pente de 0,0007 par mètre réduite à l'inclinaison ordinaire de 0,00022 par mètre...	0.240			Hauteur absolue du plafond du Canal à l'entrée du percé à Terre-Longue.............241.235
Sortie du percé vers Galici, au-dessus du Pavillon de l'Enfant. Nouveau raccourcissement de 270 mèt. relativement à l'ancien percé Bazin..............	0.130	Pente du percé de Venelles portée de 0,0007 (ancien projet) à 0,0010 (projet modifié) sur 8000 m. longueur. Cette plus forte inclinaison absorbe, ci....................	2.400	Hauteur absolue du plafond du Canal à la sortie nouvelle du percé de Venelles vers Galici (point sur lequel on établira la principale dérivation pour Aix)...............233.235 (A l'étiage la surface de l'eau est au-dessus du plafond de 2m 60c).
De Galici à Langesse, la pente de tranchée réduite au chiffre ordinaire.....................	0.140			
Développement de la vallée du Bayon évité sur 6300 mètres longueur.....................	1.386	Pente du pont-aqueduc de l'Arc portée de 1 millim. par mèt. à 2 mill., sur 300 mèt. de longueur..................	0.300	
		Augmentation de trajet de l'aqueduc au col de Meyreuil 500 mèt...................	0.110	
Pente gagnée sur 1500 mètres de tranchée de Meyreuil au Pin.	0.330			
Pente gagnée sur les percés supprimés au Pin............	0.771			
Entre Septèmes et la Mure...	0.800			
A la Mure..................	2.000			Hauteur absolue à Notre-Dame ; entrée du Canal modifiée dans le bassin de Marseille.225.574
Développement à ciel-ouvert évité sur 2400 mètres..........	0.528	TOTAL, pente perdue.	4.510	
		DIFFÉRENCE en pente gagnée.	16.174	
TOTAL, pente gagnée.	20.684	BALANCE....	20.684	

Etant donnés, le changement de niveau introduit dans le tracé et l'ensemble des besoins à satisfaire, quel est le volume d'eau qui doit constamment parcourir le canal ? Volume d'eau du canal modifié.

D'après M. l'inspecteur divisionnaire Mallet, les besoins de Marseille peuvent être fixés à 4 mètres cubes d'eau par seconde, y compris l'irrigation de la campagne et de la ville. Les usines devaient profiter des chutes des rigoles d'irrigation.

M. de Mont-Richer a porté plus haut que tous les autres ingénieurs les besoins d'eau que Marseille éprouve ; ainsi, les eaux qui doivent être absorbées par les irrigations du territoire et la salubrité de la ville forment, d'après son évaluation, 6 mèt. 17 cent. cubes.

Besoins de Marseille.

Quant aux usines, il les fixait au nombre de 400, exigeant une force motrice représentée par 2 mèt. 80 cent. tombant de 110 mèt. de hauteur. Dans son dernier projet, les besoins des usines seraient encore accrus et correspondraient à la masse précitée tombant de 150 mèt. de hauteur. D'après ces évaluations, la force motrice nécessaire à Marseille aurait pour chiffre 150 + 2 mèt. 80 cent. (1).

Si nous dirigeons sur Marseille, à partir du niveau du canal Bazin modifié, une masse de 7 mèt. cubes d'eau, elle utiliserait, de septèmes au niveau du canal Mont-Richer, une force correspondant à une chute de la hauteur de plus de 225 mèt. à 150 mèt., soit à 75 mèt. hauteur; l'expression de la force motrice qui en résulterait serait 75 + 7 mèt. cubes ou 150 + 3.50 (2).

Les deux quantités (1) et (2) sont dans le rapport de 28 à 35 ou 4 à 5. Ainsi notre force motrice sera, pour Marseille, supérieure d'un 1/4 à celle que lui destinait M. de Mont-Richer dans son dernier projet, et presque de 2/3 à la force portée au 1er projet, de sorte que le moteur ainsi obtenu par nous alimenterait 660 usines pareilles aux 400 que M. de Mont-Rieher décrivait dans son premier projet.

En admettant que le rayonnement ait fait perdre 1/10 c. de cette eau, il restera encore 6 mèt. 30 cent. cubes destinés aux arrosages à la hauteur de 150 mèt.; notre masse, pour l'irrigation, serait encore de 1/48 plus forte que celle de 6 m. 17 c., la plus considérable qui ait été assignée pour Marseille; notre prévision dépasse les besoins les plus exagérés.

Ainsi, pour Marseille, on livrerait à 225 mètres de hauteur.	7	mèt. cubes.
Il faudrait laisser à Aix (235 mètres hauteur).............	1	50
Gardanne, Simiane, Bouc et autres communes voisines absorberont ensemble	0	75
Total immédiatement nécessaire dans le Canal...........	9	25
Pertes par filtrations et évaporations.................	1	
Réserve pour nouveaux besoins.........................	1	75
Total du volume à prendre.............................	12	mèt. cubes.

Telle est la quantite d'eau que devra rouler le canal à l'étiage.

Détail sur le système de construction de la prise.

Pendant plus des 2/3 de l'année, le Verdon seul suffirait pour donner cette masse ; ainsi ce sera sur le Verdon que sera la construction principale de la prise. La tête du Canal sera entamée dans le poudingue au pied duquel vient battre le Verdon en se joignant à la Durance.

Une digue sur la pointe du Delta de la Durance et du Verdon assurera encore davantage la position des eaux de cet affluent, et permettra aux eaux de la Durance de fournir un supplément au Verdon, toutes les fois qu'il sera nécessaire. Cette digue sera baignée, pendant l'été, par la Durance, avec une constance d'autant plus grande, que les eaux du Verdon appauvries ne formeront plus un obstacle aussi énergique contre l'arrivée des eaux de la Durance. En un mot, par ce système de prise, on se trouvera dans le même cas que si l'on puisait dans une branche de la Durance, dont la position serait plus constante que partout ailleurs ; et dans les grandes averses, la tête du canal n'aura à subir que le choc du Verdon, jamais de la Durance entière, comme cela arriverait à Cante-Perdrix, à St.-Paul et au pont de Pertuis.

Après cette prise, le Canal cheminera le long du rocher de Cadarache ; au lieu d'entamer cette masse, il sera plus économique de jeter quatre digues perpendiculaires, qui créeront une cuvette facile jusques à la plaine de la Bête, où le Canal coulera en pleine terre en s'avançant vers St.-Paul. Arrivé au village il entamera le rocher du tuf pour traverser en tranchée la partie au sud.

Vitesse

La vitesse des eaux du Canal sera :

Dans les parties ordinaires à ciel-ouvert............	0 mèt.	84 par seconde.
Dans les rochers difficiles........................	0	90
Au souterrain de Venelles.......................	1	60
Dans la majeure partie du grand pont-aqueduc de Langesse....................................	1	78

Établissement de la cuvette.

Pour diminuer le diamètre de la section dans le grand percé et dans l'ensemble du canal, la profondeur à l'étiage a été portée à 2 mètres 60 c. ; le niveau dans les hautes eaux pourra se relever de 20 centimètres. Les côtés du Canal doivent se rapprocher de la verticale dans les terrains durs et inclinés et dans le souterrain avec murs de revêtement. Dans les deux cas, c'est un moyen de diminuer le diamètre de la section à la superficie et d'économiser les déblais. Dans les parties en terre molle, les côtés du canal auront un talus de 100 pour 100; dans les argiles consistantes le talus sera de 50 p. 0/0.

Dans les tranchées, les argiles qui se montrent molles à la superficie sont constamment dures à l'intérieur, toutes les fois que le terrain n'est pas naturellement humide.

Dans le cas assez fréquent de tranchées avec argile dure au fond, le talus ira en décroissant au fur et à mesure de la consistance croissante du terrain. On diminue ainsi les dimensions en superficie, les déblais et les frais d'achat de terrains.

Grande diminution du diamètre de la section du percé de Venelles.

Nous avons, dès le commencement de ce travail, signalé que la nature marneuse du terrain du plateau de Venelles était très-favorable aux souterrains en petite section, tandis qu'une galerie de grand diamètre pourrait faire naître des chances d'éboulement. Voilà pourquoi toutes nos dispositions, avant le percé, ont eu pour objet de rendre la section plus étroite; nous avons dans ce but :

1° Augmenté la pente et par suite la vitesse.

2° Supprimé le talus des murs de revêtement.

3° Augmenté la profondeur de près de 1/3.

De l'ensemble de ces modifications il est résulté, que notre tunnel, à la naissance de la voûte, n'a plus qu'un diamètre de 2 mètres 89 c. avec une hauteur dans les pieds droits de 2 mét. 80 c. Ainsi, la profondeur à l'étiage étant de 2 mèt. 60 c. la naissance de la voûte est à 20 c. au-dessus de la ligne d'étiage. Le vide intérieur du percé, ainsi modifié, n'est plus que de 11 mèt. cub. 40 c. et il débitera à l'étiage 12 mèt. cub., tandis que le vide intérieur du percé Bazin était de 13 mèt. cub. 75 c., pour ne rouler que 10 mèt. cub. à l'étiage.

Notre nouvelle voûte n'ayant que les 4/5 de l'ouverture de la voûte déjà projetée, pourra offrir plus de solidité avec une épaisseur de 40 c. qu'elle n'en avait auparavant avec 50 c.

Enfin, le diamètre de la section des déblais, avant tout revêtement, ne sera que de 3 mèt. 69 c. On se trouvera ainsi bien en dedans des limites exigées pour prévenir tout éboulement; et si jamais un boisage provisoire était nécessaire, il s'exécuterait sans peine et à peu de frais avec de pareilles dimensions.

Par ces combinaisons nous obtenons ainsi, dans le percé de Venelles, les avantages suivans :

Avantages résultants de la diminution de section du percé de Venelles.

1° Diminuer les frais d'abattage et d'extraction au dehors des déblais.

2° Mettre le percement à l'abri de toutes chances d'éboulemens pendant l'exécution.

3° Rendre le muraillement des parties marneuses bien plus solide et bien moins coûteux.

4° Accélérer l'exécution en n'employant que le même nombre d'ouvriers déjà exigé par l'ancien percé.

Comparaison du tracé primitif et du tracé modifié.

Nous avons déjà fait voir que les trois petits souterrains avant Venelles se réduisaient à une tranchée à St.-Paul; que le souterrain de Meyreuil est remplacé par deux tranchées, et le souterrain du Pin par deux autres tranchées fort courtes; mais ces tranchées se substituant à d'autres qui existaient avant les percés, en définitive la longueur totale des tranchées n'est augmentée que de 1,200 mètres.

Le développement avant le Logis-d'Anne est, dans son ensemble, en meilleures conditions qu'il n'était auparavant, parce qu'il chemine pendant plus long-temps au-dessus de la première berge de la vallée de la Durance.

Du Logis-d'Anne à Meyrargues, les circonvolutions sur la 2e berge et sur le poudingue de la Durance se compensent à peu près exactement dans les deux tracés ; mais à Meyrargues, le tracé modifié, en s'élevant au troisième rang des escarpemens, deviendrait plus difficile, si bientôt ne se présentait l'entrée du souterrain. Les mêmes ouvrages d'art existeront dans les deux systèmes avec des circonstances sensiblement compensées.

Après Venelles, il y a aussi les mêmes difficultés dans le tracé modifié et dans le projet primitif. Le pont-aqueduc de la vallée de Vauvenargues est augmenté, mais la plus grande profondeur du Canal fait obtenir dans les achats de terrain et les déblais une économie notable. Vers Gardanne, cette économie devient très-sensible parce que les terrains y sont fort chers, et elle est plus sensible encore dans le bassin de Marseille, d'autant que notre pente permet, ou de faire marcher les usines avec moins d'eau, ou de diminuer le diamètre des rigoles en accroîssant la vitesse.

Le canal de ceinture autour du bassin de Marseille est diminué, parce que la grande dérivation sur Séon-St.-Henri et sur Arenc sera abrégée de 5,000 mètres de longueur.

Le calcul détaillé de tous ces changemens aurait exigé une longue série d'opérations sur le terrain. Nous n'avions ni les moyens matériels, ni le temps, ni la mission d'exécuter un pareil travail. Nous nous contenterons de signaler les principales dépenses que nous avons ajoutées et les réductions saillantes que nous avons obtenues, en passant sous silence les parties moins importantes qui nous paraissent se compenser.

Réductions de dépenses.

Réductions.

8,000 mètres de galerie de Venelles réduite de 260 f. le mètre courant à 192 f. 50 c. (1), différence par mètre 67 f. 50 c. . . . . F.	540,000
770 mètres du percé de Venelles supprimés, à 260 f. le mètre courant.	200,200
4,773 mètres autres percés supprimés, à 180 f. le mètre cour.	851,940
Voûtes et regards de percés, épuisemens et autres frais.	645,000
Réduction du développement à ciel-ouvert à mi-coteau en rochers, 1,800 mètres à 30 f. le mètre courant.	54,000
Total des réductions. . . F.	2,291,140

Augmentations de dépenses.

Augmentations.

Sur 770 mètres percé de Venelles supprimés, 300 correspondent à une augmentation de longueur de tranchée à 125 f. le mètre courant: 300 multiplié par 125, ci.	37,500
Sur les 4,733 mètres percés supprimés, 1,200 mètres sont remplacés par des tranchées de 8 mètres profondeur moyenne, à 125 f., ci.	150,000
800 mètres font naître un circuit à ciel ouvert à 20 f. le mètre courant.	16,000
A reporter.	203,500

(1) Cette évaluation est la moyenne obtenue à l'aide du prix de déblai fixé par nous pour la moyenne section de percés dans le tableau page 56, chap. 4.

Report.....		203,500	
Approfondissement de 20 puits de l'aqueduc romain d'une profondeur moyenne de 8 mètres à 120 f. le mètre courant ci..........	F. 19,200	93,200	
20 soupiraux à même profondeur à 60 f......	9,600		
1,000 mètres de galerie étroite pour joindre le fond des puits au canal romain, à 14 f. 40......	14,400		
Nettoyage de l'aqueduc romain sur Venelles...	50,000		
Enlèvement des eaux du grand percé pour les rejeter dans le canal romain..........		55,000	
Passage au village de Simiane..........		15,000	
Achat de pompes, 20 machines à molettes, perte sur les hangars et bâtimens provisoires..........		100,000	
Allocation à ajouter au projet du pont-aqueduc sur l'Arc, en transférant ce passage à Langesse, à 74 mètres de hauteur maximum..........		42,300	
Différence ou excès des réductions..........		1,782,140	Economie sur la dépense totale.
Balance...	F.	2,291,140	

Or, l'évaluation du projet Bazin, portée dans la brochure du 5 janvier 1837, est de..........	F.	11,115,340	
Dont à déduire la différence d'économie en faveur du projet modifié..........		1,782,140	
Coût réduit du Canal...	F.	9,333,200	
Réserve ordinaire pour frais de direction et autres, 10 p. 0/0.		933,320	
Prix total du projet de Canal modifié..........	F.	10,266,520	Coût total du projet modifié.

Nous pensons que quelques autres améliorations, moins importantes, pourraient encore être introduites dans le projet modifié à l'aide de levées entre Jouques et Peyrolles, notamment dans le vallon de Blanchon et d'un ou deux coupemens dans le plateau de Gardanne.

Conséquences des modifications indiquées.

La conséquense de tout ce qui précède est :

1° Que la prise à Cadarache permet de donner au niveau du Canal la hauteur la plus universellement convenable sous le rapport de l'utilité et de l'économie.

2° Que cette prise, combinée avec un aménagement convenable de la pente et du passage à Langesse, permet de réduire tous les percés à un seul, celui de Venelles; de diminuer sa longueur jusqu'au chiffre de 8,000 mètres; d'atténuer les dépenses et aplanir les difficultés de ce percé en profitant du canal des romains; d'amener la longueur totale du développement du Canal à 81 kilomètres 353 mètres (5 kilomètres de moins que le projet Bazin.)

De distribuer une *masse totale d'eau plus grande* en la portant à une *plus grande hauteur* sur les points obligés.

D'économiser plus 1,700,000 fr. sur le tracé Bazin.

C'est ainsi que se trouve plus complètement atteinte la solution dont s'étaient rapprochés les auteurs de ce projet.

Dans les détails, on trouve une foule d'avantages exclusivement en faveur du projet modifié.

On atteint le niveau de deux bourgs importans qui restaient au-dessus de l'ancien tracé, Meyrargues et Simiane.

Aix obtiendra un plus grand nombre d'usines qui pourront s'établir entre la partie haute de la ville d'Aix et l'issue du percé de Venelles; il y aurait de 33 à 35 mèt. de chute à utiliser, suivant la hauteur à laquelle la prise sera faite sur les eaux du Canal. D'autres usines pourraient aussi se placer à peu de distance des mines de Fuveau et de Gardanne; avant et après le percé de Venelles, de grandes dérivations pourraient aller porter l'irrigation sur les hautes plaines d'Eguilles, St.-Cannat et Lambesc. Après Gardanne, une autre dérivation pourrait colmater en hiver tout le plateau de Vitrolles où le rocher nu se montre presque constamment.

En élargissant la partie du canal en amont du percé de Venelles, on pourrait en faire un château d'eau d'une grande utilité pour les terrains non encore arrosés dans la vallée de la Durance.

La prise et la ligne du Canal, depuis Venelles jusqu'à Marseille, nous paraissent fixées dans la meilleure des positions que les lieux puissent comporter.

Une modification à cette ligne a cependant fait l'objet de notre examen ; c'est celle qui, évitant le percé de Venelles, dirigerait le Canal par la vallée de Rognes et par Lambesc.

Mais outre qu'il n'y aurait aucun avantage sous le rapport de l'économie, quand bien même tout le Canal serait à ciel-ouvert, à cause d'une augmentation dans le développement de plus de 30,000 mèt. et des nombreux travaux d'art à exécuter, il est constant (et cela tend à accroître considérablement la dépense) qu'on ne peut arriver à Aix qu'avec deux percés ayant ensemble au moins 2,000 mètres de longueur, ce qui entraînerait également une perte de hauteur.

CHAPITRE VI.

Comparaison du projet Bazin modifié avec le dernier projet Mont-Richer.

Comparaison d'utilité générale.

Le projet que M. de Mont-Richer vient de fournir diffère essentiellement de celui qu'il avait d'abord conçu; il est grandement modifié et amélioré. Néanmoins, toujours tracé dans le but principal d'arroser Marseille et son territoire, en n'ayant égard que d'une manière très-secondaire aux besoins du reste du département, il y a toujours là pour pensée fondamentale une utilité très-restreinte ; aussi serait-il absurde de mettre en parallèle les avantages généraux du projet Mont-Richer avec ceux du projet Bazin primitif, et à plus forte raison avec ce même projet modifié !

D'un côté, c'est une masse d'eau maintenue à un niveau de 250 à 225 mèt. de hauteur sur les points les plus importans du département ; de l'autre c'est un canal qui serpente entre 185 et 150 mèt. de hauteur : celui-ci toujours inférieur au niveau des plaines que peut féconder celui-là. Il n'y a dans ces données générales rien de comparable. L'utilité de la plus grande hauteur est, de tous points, hors de contestation.

Parallèle des projets dans leur ensemble.

La seule question qui pourrait s'engager maintenant serait celle-ci : conviendrait-il aux intérêts de Marseille de construire à ses frais plutôt le projet Mont-Richer que le projet Bazin ? Cette question se divise en deux : quelle sera la dépense relative exigée par chacun des deux projets ? quels seront les plus grands avantages que Marseille pourrait trouver dans l'exécution de l'un de ces projets ?

La comparaison détaillée des deux projets est difficile, parce que nous ne connaissons pas complétement le dernier tracé de M. de Mont-Richer. Nous en avons déjà indiqué au chapitre 3 les principaux points. Nous savons que M. de Mont-Richer a, depuis la prise jusques à Notre-Dame, entrée du bassin de Marseille, ci.. 74,328 mètres.

Projet Bazin modifié au même point.................. 73,353

Percés { Montricher, dernier projet, ci.............. 9,061
Percés { Bazin modifié, ci 8,000

Ainsi, en longueur de percé comme en longueur de développement à ciel-ouvert, l'avantage est pour le projet Bazin modifié.

Comparaison de la valeur des développemens.

Quant aux difficultés du terrain, dans les parties en flancs de rochers on trouve à peu près les mêmes obstacles dans les deux tracés en parallèle; le développement dans les Taillades et dans les collines de la Barben correspondent bien, par la longueur et les travaux à exécuter, aux circuits dans le détroit de Mirabeau et sur les rochers du Tholonet.

Le développement dans la vallée de la Durance étant sensiblement de même longueur dans les deux systèmes, on voit que les difficultés doivent être à très-peu près du même ordre. Le vallon de Jouques chez M. Bazin correspond au vallon de Rognes chez M. Mont-Richer, le ravin de Meyrargues à celui du Puy, et ainsi de suite.

Si une véritable infériorité existe quelque part, elle est dans le long cotoyement du ravin de Trebillanne fait par le tracé Mont-Richer. Le tracé Bazin modifié n'a rien de si ébouleux que la majeure partie de ce coteau.

Outre les tranchées destinées à éviter les percés, il y en a toujours une en amont et une en aval de chaque percé pour diminuer la longueur de celui-ci ; le projet de Mont-Richer a ses souterrains divisés en plusieurs parties ; il a donc très probablement beaucoup plus de tranchées : admettons néanmoins encore que le projet Mont-Richer soit à cet égard en position aussi favorable que le projet Bazin modifié.

La cuvette du canal Mont-Richer présente, relativement à celle du Canal Bazin modifié :

Section des déblais.......	Avant Aix 17 p. o/o en sus.
	Après Aix 34 p. o/o en sus.
	En moyenne 25 p. o/o en sus

Cependant nous admettrons que le déblai de la cuvette Mont-Richer coûte seulement 10 p. o/o en sus.

Nous avons vu (page 59) que dans le canal Bazin modifié, la dépense pour 73 kilomètres serait de .... F. 3,800,000

Le dixième....................... 380,000

Dans le tracé Bazin modifié, nous n'avons en réalité que 73 kilomètres. M. Mont-Richer a de plus 1 kilomètre, et on le met bien au-dessous de la réalité de son coût en l'établissant à 18,000

Dans le bassin de Marseille, la différence en faveur du projet Bazin modifié, sous le rapport de la section, est plus grande encore, puisque le volume d'eau occupe un espace plus grand de 30 pour o/o dans le Canal Mont-Richer. Nous nous contenterons de porter, comme différence, le 10 pour o/o de la plus faible évaluation pour le circuit de ce bassin, ce sera.. 117,800

Différence du développement total à ciel-ouvert.......... F. 515,800

Comparaison des percés.

Les terrains sur lesquels s'établissent les principaux percés Mont-Richer sont : le calcaire jura-crétacé dur vers les Taillades, le calcaire d'eau douce du 2e étage tertiaire et le jura-crétacé marneux vers l'Assassin.

A la Nerthe, le jura-crétacé marneux, le calcaire compacte et la dolomie.

Les marnes dures de l'Assassin et de la Nerthe sont composées de feuillets inclinés, mêlés de petits filons de carbonnate de chaux ; elles se rapprochent ainsi de la dureté du calcaire compacte, mais exigent un revêtement.

La section des déblais, adoptée par M. de Mont-Richer dans ses souterrains, est de 19 mèt. 50 cent. cubes ; en prenant les prix indiqués dans notre tableau pour la grande section, on voit que l'on aura pour prix du mètre courant de percé à la Nerthe :

En Dolomie.. 300

En marne dure cristalline, avec mince revêtement.................. 309

En rochers durs simplement.. 272

Le prix moyen du mètre courant dans ces trois natures de roches sera 293 fr. 66 c. le mètre courant de souterrain.

De l'Assassin au vallon de Trebillane, partie en terrain demi-dur avec revêtement mince, partie en terrain marneux avec murs, coûtera...... F. 293,975

Longueur des souterrains Mont-Richer.

Nous passerons les percés de la Nerthe et de l'Assassin ensemble à f. 293,61 le mètre courant : leur longueur est 3,500 mètres.

Le mètre courant dans le calcaire dur des Taillades reviendra à.. F. 272,85

Il y aura 3,000 mètres de longueur à ce souterrain.

Les autres percés, entre la hauteur de Lambesc et de Roquefavour, ont ensemble une longueur de 2,561 mètres ; la moitié au plus serait dans la mollasse, terrain très-favorable, et l'autre moitié dans le calcaire dur. Le prix moyen de revient par mètre courant serait de.......................... F. 188 42

Puits Mont-Richer.

Les 9,000 mètres de percés Mont-Richer demanderaient 21 grands puits, s'il n'y avait partage de ces souterrains en plusieurs parties. Nous estimons qu'il faudra seulement 16 grands puits et 16 petits soupiraux, les premiers à 120 fr. le mètre courant, les autres à 60 fr.

La profondeur moyenne des grands puits sera de 40 mètres. La profondeur moyenne des soupiraux 30 mètres. Les eaux souterraines ne seront pas embarrassantes au percé des Taillades ; mais à la Nerthe, à l'Assassin, à Septèmes et autres petits percemens, elles se montreront. Il n'y aura là aucun travail antérieur qui puisse les détourner, ni servir d'auxiliaire pour les enlever ; il faudra les élever jusqu'au jour. Certainement on ne sera pas là, en circonstances aussi favorables que dans le percement de Venelles avec sa galerie romaine. Nous admettrons néanmoins que ce genre de dépenses ne s'élèvera pas, dans le projet Mont-Richer, au-dessus des frais portés pour le percement modifié de Venelles.

Enfin, il faut encore ici les achats de pompes, les machines à molettes, etc.,

Quoiqu'il y ait 1,000 mètres de plus dans les percés Mont-Richer, nous supposons que les pertes en bâtiment et en matériel ne s'élèveront pas au-dessus de ce qui est porté pour Venelles.

Coût de ces percés.

On voit que l'ensemble des souterrains Mont-Richer coûtera :

Souterrain de la Nerthe et l'Assassin 3,500 mètres, à 293 fr. 61 c. le mètre courant	1,027,635	
Souterrain des Taillades, 3,000 mèt., à 272 fr. 85 c.	818,550	
Autres petits souterrains, 2,561 mèt., à 188 fr. 42 c.	482,543	62
640 mètres puits à 120 fr., et 480 à 60 fr	105,600	
Épuisemens	55,000	
Pertes sur les constructions, machines à molettes, pompes et matériel en général	100,000	
Total des percemens du dernier projet Mont-Richer	2,589,328	62
Or, le percement de Venelles modifié, sur 8,000 mètres de longueur, coûte	1,788,200	
Excès de dépenses pour les souterrains du projet Mont-Richer F.	801,128	62

Chances contre les projets de souterrain Mont-Richer.

Nous devrions signaler aussi plusieurs circonstances qui augmenteraient encore la dépense de ces souterrains. Les murs de revêtement sont trop exigus, réduits à une épaisseur de 50 centimètres, pour couvrir une voûte argileuse qui n'aurait pas moins de 5 mètres 53 c. de diamètre, tandis que pour une portée de 3 mètres 70 c. le projet Bazin modifié assigne une épaisseur de 40 c. Il y a de grandes chances d'éboulemens dans des terrains marneux excavés, comme le suppose M. de Mont-Richer; il faudrait, ou changer les données, ou porter de plus fortes sommes pour prévenir les accidens.

Ouvrages d'art.

Les ouvrages d'art peuvent être assimilés de part et d'autre; néanmoins le pont-aqueduc de la Touloubre est supérieur en frais à tout ce qu'exigent tous les cours d'eau traversés par le tracé Bazin. Mais il y a surtout, au passage de l'Arc à Roquefavour, dans le dernier projet de Mont-Richer, des dimensions colossales et qui rendront cet ouvrage trois fois plus cher que le pont-aqueduc de Langesse.

Passage de l'Arc à Roquefavour.

La hauteur des deux ponts-aqueducs est peu différente : 74 mètres, chiffre de la hauteur à Langesse, diffère peu de 75 mèt., hauteur du pont à Roquefavour.

Mais la surface du défilé est :

A Langesse........................ 7,751 mètres carrés.

A Roquefavour..................... 22,870 »

L'allocation pour Langesse, projet Bazin modifié, est....... 543,000

Elle devrait donc être, projet Mont-Richer au passage de Roquefavour.. 1,629,000

Excès de dépense pour ce dernier projet.................. F. 1,086,000

Nous avons démontré dans le chapitre 2 que si la maçonnerie et la pierre-de-taille devaient être cotées à des prix un peu plus haut, ce n'était pas à Langesse, mais bien à Roquefavour, et cependant ici nous admettons les mêmes prix. L'ancienne évaluation Garella, pour le même pont-aqueduc de Roquefavour, était de 1,500,000 fr.; il est vrai que la cuvette était plus large, mais les prix étaient toujours bas à l'égard de Bazin.

En résumé, le dernier projet Mont-Richer exige un excès de dépense relativement au projet Bazin modifié, dans chacune de ses parties :

Dans le développement à ciel-ouvert.................	F.	515,800
» les souterrains..................................		801,128 62
» Les ouvrages d'art................................		1,086,000
Total de l'excès de dépense..........................	F.	2,402,928 62

Le dernier projet Mont-Richer coûte plus que le projet Bazin non modifié.

On voit que le dernier projet Mont-Richer à une grande infériorité sous le rapport économique relativement au projet Bazin modifié.

Il coûte même bien plus cher que l'ancien projet Bazin non modifié, car la différence entre les deux tracés Bazin n'est que de 1,782,140. Avec ces résultats on a de la peine à concevoir comment le dernier projet Mont-Richer n'était estimé qu'à 9,000,000, y compris 1,500,000 f. de réserve.

Mais si l'on considère que les estimations Bazin, pour les travaux à ciel-ouvert, sont supérieures aux prix Mont-Richer, pour travaux de même nature, dans la proportion de 30 à 40 p. o/o, que les indemnités pour terrain sont établies par M. de Mont-Richer à la moitié de ce qu'elles coûteraient réellement en y comprenant les frais du procès ;

Si l'on observe que, dans les souterrains, les prix de déblais sont portés moyennement à plus de 50 p. o/o en dessous de leur coût réel ; que le nombre des puits chez M. de Mont-Richer est fortement diminué, le prix du mètre courant réduit de plus de 40 p. o/o, et qu'enfin une foule de dépenses accessoires des souterrains, comme boisages, épuisemens, machines, bâtimens provisoires pour l'extraction sont entièrement omises, on verra facilement comment ont pu surgir deux estimations si différentes pour un même projet.

La contr'épreuve serait aisée, et en rabaissant les prix au taux adopté par M. de Mont-Richer, le projet Bazin modifié ne coûterait que... F. 5,970,000

Et avec la réserve de.................................. 1,500,000

On n'aurait encore que.................................. F. 7,470,000

Quel que soit le système de prix adopté, la différence économique sera considérable en faveur du tracé Bazin, et les chances et les incertitudes de succès resteront contre le tracé Mont-Richer.

Sans doute, le dernier projet Mont-Richer peut être encore amélioré. Les sections des percés peuvent subir d'heureuses modifications, mais quoique l'on fassse il y aura toujours trois désavantages :

Inconvéniens qui se trouveront toujours dans les prises d'eau au-dessous de Cante-Perdrix

1° Section plus grande exigée par la masse d'eau qu'il faut amener pour les usines de Marseille, sans utilité pour les arrosages.

2° Position moins favorable des parties en souterrain, aucune d'elles ne présentant les avantages du plateau de Venelles.

3° Passage de l'Arc qui, à Roquefavour, sera toujours dans des conditions beaucoup plus mauvaises qu'à Langesse.

Ces trois inconvéniens sont tellement inhérens aux projets qui ont pour but de prendre de l'eau au-dessous du niveau de Cante-Perdrix, que l'ingénieur le plus habile ne pourrait les éluder : c'est ici la force des choses qui l'emporte.

Question d'économie pour Marseille.

Sous le rapport économique, il ne peut y avoir la moindre hésitation. L'intérêt de Marseille exigerait hautement que cette ville exécutât le projet Bazin modifié, et nous n'avons pas tenu compte de toute la diminution de frais, exclusivement en faveur du projet Bazin, due à l'apport de plus d'un million fait par les villes d'Aix, de Gardanne, Simiane et Bouc : en réunissant toutes ces conditions, il y aurait *trois millions* d'économie pour Marseille à préférer le projet Bazin modifié.

Question d'utilité pour la même ville.

Sous le point de vue d'utilité, la question est résolue dans le même sens.

Nous avons déjà fait voir que 7 mètres cubes destinés à Marseille donnent pour usines une chute de 75 mèt. pour s'abaisser du niveau de 225 mèt. (hauteur Bazin), à 150 mèt. niveau Mont-Richer ; qu'on fournit ainsi en divers points, placés près des grandes routes, la force motrice de six cent quatre-vingt-une usines (1), tandis que le premier projet Mont-Richer n'en donnait que quatre cent et le dernier cinq cent quarante-cinq.

Que pour l'arrosage, cette même masse d'eau fournit six mèt. cubes trente centièmes ; le dernier projet n'en donnerait que six mètres cubes dix-sept centièmes.

Ainsi voilà les besoins de Marseille plus largement satisfaits, et il resterait encore un mètr. cube, soixante-quinze centièmes, disponibles pour les contrées inférieures au niveau du canal qui réclameront le bienfait de l'irrigation ; quantité exactement égale au quart de ce qui est destiné à Marseille (2). En définitive le projet Bazin modifié présente, relativement au dernier projet Mont-Richer, ces avantages :

— Economie, trois millions.

— Force motrice, un quart en sus, soit cent trente-six usines de plus.

— Eau pour la ville et le territoire, onze cents modules de plus.

— Eau disponible à vendre, un mètre cube soixante-quinze centièmes, soit un quart de celle qu'aura absorbé Marseille.

(1) Une usine correspond à la force motrice de 4 chevaux-vapeur.

(2) A l'étiage, le projet Mont-Richer ne laisserait rien de disponible ; il n'aurait que les dix mètres cubes attribués à Marseille. Or il arrive fréquemment que pendant l'intervalle de fin juillet à fin septembre, la Durance se rapproche beaucoup de son étiage et il y a dans cette période encore un mois et demi de saison d'arrosages ; ainsi pendant une bonne partie des arrosages, le projet Mont-Richer n'aurait pas d'eau à vendre hors de Marseille.

En appréciant numériquement tous ces avantages, on est conduit à admettre qu'ils correspondent à un capital de cinq millions et demi au moins.

En effet :

1° Contingent de la ville d'Aix, 1 mètre et 1/2	1,000,000
2e Contingent des communes de Gardanne, Simiane et Bouc pour leurs besoins présumés	500,000
3° Economie d'exécution (minimum)	2,000,000
4° Vente de 1 mètre 3/4, à 1 million (minimum) le mèt. cub.	1,750,000
5° Valeur de 130 usines, à 2,000 fr. chaque (valeur moitié de celle qu'on a toujours attribuée à la force motrice d'une usine)	260,000
Capital représentant les avantages du projet Bazin modifié sur le projet Mont-Richer	5,510,000

Nous sommes heureux d'avoir à proclamer que le projet le plus utile au Département satisfait aussi le mieux à tous les intérêts de Marseille.

Nous sommes très-respectueusement,

Monsienr le Directeur Général,

Vos très-humbles et obéissans serviteurs.

(*Signés*) GENDARME-DE-BÉVOTTE. H. DE VILLENEUVE.

19 *Octobre* 1837.

Note des auteurs du projet Bazin.

Le rapport qui précède est de nature à fixer les autorités locales et le public sur la question si longuement agitée du canal de Provence.

Les études dont ce rapport est le résumé, ont été faites par des ingénieurs expérimentés, qui appartiennent à l'administration des ponts et chaussées et des mines, et qui ont été officiellement autorisés par elle à examiner le projet Bazin. Ils ont reçu la mission de modifier ce projet dans toutes les parties qui leur paraîtraient susceptibles d'amélioration ; et comme point de comparaison, ils ont dû rappeler les principaux traits des autres tracés projetés.

Leur travail est fait avec une parfaite connaissance des localités ; il est le résultat de longues observations qu'ils exposent avec impartialité. Partout où ils ont cru apercevoir des défauts, des imperfections, des erreurs, ils les ont relevées sans acception des personnes.

En résultat, l'ensemble du projet Bazin obtient leur approbation ; seulement ils proposent des modifications dont les auteurs de ce projet ont reconnu la justesse et qu'ils ont entièremens adoptées.

Ces ingénieurs déclarent que les évaluations des dépenses annexées au projet Bazin, sont exactes et consciencieuses.

Ils signalent avec franchise quelques difficultés d'exécution, et indiquent les moyens de les éviter ou de les vaincre.

Quant au percé de Venelles, la reconnaissance plus complète qu'ils ont faite du canal des Romains, ainsi que l'examen détaillé du terrain, ont démontré jusqu'à l'évidence que les obstacles qu'on pouvait craindre n'existent décidément pas, et que rien ne peut s'opposer à la construction prompte, solide et économique de ce percé, *le seul qui soit conservé dans le projet modifié.*

Plus grande utilité du Canal ; moindre dépense de temps et d'argent ; plus de sécurité dans l'exécution : voilà les motifs qui militent en faveur du projet Bazin ; et n'y eût-il aucune commune intermédiaire qui eût à profiter de ce Canal, encore serait-il d'un puissant intérêt pour la ville de Marseille de préférer la ligne la plus courte et le plus haut niveau, deux conditions qui se trouvent réunies dans ce projet.

Maintenant, pour que cette importante question acquière la force de chose jugée, il n'y a plus qu'à attendre la décision du conseil général des ponts et chaussées, qui déjà, en 1834, a préféré le projet Bazin.

Si cette nouvelle décision était dans le même sens que la première, rien ne s'opposerait alors à ce que la ville de Marseille sollicitât immédiatement la sanction législative pour le projet modifié, et à ce que les travaux fussent commencés,

Il n'y aurait plus d'enquête à subir, plus de retards ni d'incertitudes à éprouver.

Souvent l'on s'est plaint des lenteurs apportées à l'exécution du Canal. Une erreur grave serait de les attribuer à ce que M. Bazin n'aurait pu réunir les fonds nécessaires à cette construction. A deux reprises il en a été autrement. Une première fois en 1834. Il s'agissait d'un canal particulier à grande section, combinaison qui a échoué parce que le conseil général du département n'a pas jugé à propos de concourir aux subventions votées par la ville. Une seconde fois en 1835. C'était alors une construction à forfait d'un canal pour Marseille d'une section réduite. Une entreprise à forfait, avec un cahier des charges très-minutieux, rejetant sur les entrepreneurs toute espèce de mécomptes, de risques, d'accidens, et exigeant de lourds services d'intérêt, devait nécessairement offrir en compensation aux capitalistes un assez fort bénéfice éventuel. La ville trouvant le prix demandé trop élevé, a préféré courir les chances d'une construction faite par elle-même.

C'est par suite de cette décision que M. Bazin a offert à la ville, en janvier dernier, la cession pure et simple de son projet, sans autre condition que celle d'être traité sur le même pied que les ingénieurs des ponts et chaussées et des bâtimens civils en pareille circonstance.

Jusqu'ici il n'a reçu aucune réponse officielle à cette offre.

Telle est aujourd'hui la position exacte de la question.

Quelle qu'en soit la solution, les auteurs du projet Bazin aiment à penser que l'on appréciera le dévouement, le zèle persévérant et même le désintéressement avec lequel ils ont cherché à réaliser une construction désirée depuis plusieurs siècles, toujours entravée par des obstacles renaissans, et qui doit, plus que toutes les améliorations projetées, développer et assurer la prospérité du département des Bouches-du-Rhône.

Ch. BAZIN.

Marseille, le 21 novembre 1837.

MARSEILLE. Typographie des hoirs Feissat aîné et Demonchy, rue Canebière, n° 19.

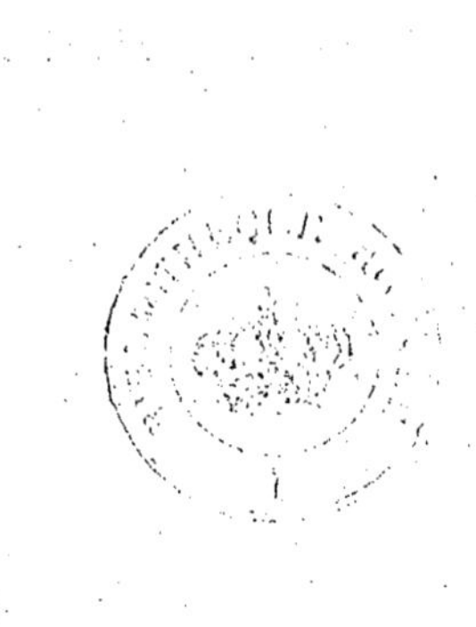

www.ingramcontent.com/pod-product-compliance
Ingram Content Group UK Ltd.
Pitfield, Milton Keynes, MK11 3LW, UK
UKHW012054240726
13965UKWH00003B/1277

9 782012 942790